Pferdesenioren

Alles über Haltung, Fütterung und Beschäftigung

Pferdesenioren

Alles über Haltung, Fütterung und Beschäftigung

Haftungsausschluss
Autorinnen und Verlag haben den Inhalt dieses Buches mit großer Sorgfalt und nach bestem Wissen und Gewissen zusammengestellt. Für eventuelle Schäden an Mensch und Tier, die als Folge von Handlungen und/oder gefassten Beschlüssen aufgrund der gegebenen Informationen entstehen, kann dennoch keine Haftung übernommen werden.

Gestaltung und Satz: Eva Lakas, Berlin
Titelfoto: Christiane Slawik

Druck: Westermann Druck Zwickau GmbH, Zwickau

Deutsche Nationalbibliothek – CIP-Einheitsaufnahme
Die Deutsche Nationalbibliothek verzeichnet diese Publikation in der Deutschen Nationalbibliografie; detaillierte bibliografische Daten sind im Internet über http://dnb.ddb.de abrufbar.

Printed in Germany

ISBN: 978-3-95847-029-3

Inhalt

Oldies become healthy Goldies

Mit ganzheitlichen Methoden zu gesunden Pferden bis ins hohe Alter

von Andrea Kagerer

Foto: Christiane Slawik

Die besonderen Bedürfnisse von Pferden mit zunehmendem Alter zu erkennen und gezielt darauf einzugehen, kann eine Herausforderung sein. Das Thema „Gesund altern", das Wissenschaftler seit Jahrhunderten beschäftigt, wirft viele interessante Fragen und neue Forschungsgebiete rund um das Thema Pferd auf. Welcher Beitrag können wir Menschen konkret leisten, um unsere Pferde möglichst lange gesund und vital zu erhalten? Welche neuen Erkenntnisse gibt es dazu und was bedeutet körperliches Altern wirklich?

Um den Alterungsprozess zu verstehen und herauszufinden, was dazu beitragen kann, lange gesund zu bleiben, ist es wesentlich, die grundlegenden biologischen Abläufe im Körper zu kennen. Es gibt in der Natur einige Lebewesen, bei denen mit großem Erstaunen körperliche Unsterblichkeit festgestellt wurde. Das bedeutet, sie können sich im optimalen Milieu immer wieder regenerieren beziehungsweise altern nicht. Welche erstaunlichen Lebewesen das sind? Zum Beispiel die Seegurke. Sie lebt am Meeresgrund und ist ein sich ständig und ewig jung erhaltendes Lebewesen. Diese Dynamik kennt man auch bei speziellen Süßwasserpolypen, die sich in Seen und Flüssen aufhalten. Untersuchungen haben gezeigt, dass sie über große Mengen des Enzyms Telomerase verfügen, das bedeutet, sie haben die Fähigkeit, die schützenden Enden der Chromosomen, die sogenannten Telomere, immer wieder zu regenerieren. Bei Säugetieren und uns Menschen werden die Telomere mit jeder Zellteilung etwas kürzer, das führt zur sogenannten Zellalterung. Die Tatsache, dass Hummer biologisch nicht älter oder schwächer werden, sondern größer und sogar ihre Fortpflanzungsfähigkeit mit zunehmendem Alter verbessert wird, lässt Forscher staunen. Einige Hummerarten sondern in ihrem Körper Antioxidanzien ab, die die Zellen vor dem Zelltod schützen.

Diese Entdeckung hat bereits positive Auswirkungen auf uns Menschen, und Tierexperten empfehlen viel frisches Obst und Nahrungsmittel, die reich an Antioxidanzien sind, da sie zur Zellerneuerung beitragen. Am bekanntesten sind die klassischen Antioxidanzien Vitamine A, C und E. Beim Pferd sehr wichtig sind die Spurenelemente Zink, Kupfer, Selen und Mangan und die sekundären Pflanzenstoffe in Form von Kräutern, Wurzeln und Früchten, allen voran aus Beeren und Traubenkerntrester.

Weitere Rückschlüsse auf das Altern und die Entstehung von Krankheiten versuchen aktuelle Forschungen über die Nacktmulle herauszufinden. Diese Nagetiere werden mehr als 30 Jahre alt und erkranken nie an Krebs – eine Erkrankung, für die ihre Artgenossen wie Ratten, Mäuse und Meerschweinchen anfällig sind.

Was bedeuten die Forschungsergebnisse für Pferde?

Beobachtungen haben gezeigt, dass in der Natur die meisten Tiere nur sehr selten sogenannten altersbedingten Krankheiten erliegen. Sofern sie eine gute Lebensgrundlage haben und nicht einem natürlichen Feind zum Opfer fallen, sind sie meist bis an ihr Lebensende entsprechend gesund.
1912 hat der Nobelpreisträger Dr. Alexis Carrel bewiesen, dass die Zelle selbst unsterblich ist, nur die Flüssigkeit, das Milieu, in der diese schwimmt, degeneriert. Diese Entdeckung ist von größter Bedeutung, da sie beweist, dass eine optimal ernährte Zelle, deren Stoffwechselendprodukte und -gifte sicher entsorgt werden, ewig leben kann.

Foto: www.shutterstock.com/SciePro

Die gute Durchblutung ist für die Versorgung der Zellen mit entsprechenden Nährstoffen und Sauerstoff sowie den Abtransport der Stoffwechselendprodukte zuständig.

Dr. med. Bodo Köhler drückt es in seinem Buch „Die Grundlage des Lebens" so aus: „Alles, was ist – Gesundheit wie Krankheit –, ist Ausdruck der Funktion des Zellstoffwechsels." Das unterstreicht die Bedeutung des Zellstoffwechsels als Basis der Gesundheit für alle Lebewesen und so auch beim Pferd. Wie der Mensch bestehen auch Pferde aus Billionen von Zellen. Faszinierende Trilliarden von chemischen Prozessen finden pro Sekunde im Pferdekörper statt und Billiarden von Proteinmolekülen werden pro Sekunde aufgebaut. Man spricht vom sogenannten Turnover pro Sekunde, der aber nur unter optimalen Bedingungen stattfinden kann. Dabei spielt die Durchblutung in den kleinsten Mikrogefäßen eine entscheidende Rolle.

Optimale Zellversorgung – gesunder Stoffwechsel

Was kann zu einem gesunden Stoffwechsel beim Pferd und zu einer optimalen Zellversorgung beigetragen werden? Angepasste Bewegung stellt für ein Pferd als „Lauftier" die Grundlage für die Gesundheit von Körper, Geist und Seele in jedem Alter dar. Das Pferd ist sowohl physisch als auch mental auf Bewegung ausgerichtet: Förderung der Durchblutung im gesamten Bewegungsapparat, Aktivierung der Peristaltik, Abbau von Stresshormonen, Balance zwischen sympathischem und parasympathischem Nervensystem sind Beispiele für die gesundheitsfördernde Wirkung von Bewegung.

Gezielte, fachgerechte Dehnung und Gymnastizierung fördern die Beweglichkeit und können die muskuläre Balance sowie die Elastizität der Faszien verbessern. Das Wissen über die Grundlagen der Biomechanik, Erfahrung und Sensibilität sind hier entscheidend, um das körperliche muskuläre Wohlbefinden des Pferdes, egal in welchem Alter, zu verbessern. Viele Pferde können in relativ kurzer Zeit eine Verbesserung des Körperbewusstseins und des muskulären Wohlbefindens erreichen und sich allgemein besser entspannen.

Eine verspannte Muskultur im Lendenwirbelbereich kann zum Beispiel die Entstehung von Koliken begünstigen, da sich in den einzelnen Wirbelsäulenabschnitten Zugehörigkeitspunkte über die Spinalnervenbahnen zu den einzelnen Organen befinden. Eine gezielte fasziale und muskuläre Lösung kann wahrlich Wunder wirken und lässt Pferde oftmals augenblicklich entspannen oder einen peristaltischen Reflex auslösen.

Wichtig: Der Parasympathikus – der entspannende Anteil des vegetativen Nervensystems (reguliert nahezu alle lebensnotwendigen Abläufe im Körper) – fördert generell die Darmbewegung, der aktive sympathische Anteil hemmt die Verdauung, da er bei Stress aktiv ist und die Versorgung der peripheren Muskulatur Priorität hat.

Jeden Moment in unserem körperlichen Leben fließen Informationen und Energien durch unseren Körper. Ohne diesen Strom an Energie wäre Leben in keinem einzigen Augenblick möglich. Diese Energie ist es letztendlich, die uns versorgt, jung und vital hält. Auf die Frage, was das Geheimnis des langen und zufriedenen Lebens von Calypso, einem 50-jährigen Quarter-Horse-Wallach in Australien und eines der ältesten lebenden Pferde, ist,

Alles Lebendige schwingt in einer ganz spezifischen Frequenz.

Foto: Christiane Slawik

Voraussetzungen für körperliche Gesundheit bis ins hohe Alter: Bewegung – Beweglichkeit – Elastizität – Durchblutung – Stoffwechsel.

sagt die Besitzerin: „Eine ausgewogene Ernährung und ganz viel Liebe." Auch die „Senioren" unter den Pferden brauchen Abwechslung, Anerkennung, Interaktion mit Menschen und Pferden, Liebe und das Gefühl des Gebrauchtwerdens. So kann es für manches Pferd, das es gewohnt ist, gefordert zu werden und die Bestätigung von seinem Besitzer zu bekommen, schwierig sein, sich plötzlich mit der Rentnerkoppel zu arrangieren.

Komplementärmedizin im Vormarsch

Welche Anzeichen für einen „normalen" Alterungsprozess gibt es, wo man doch etwas genauer hinsehen sollte? Das Blutbild ist unauffällig und dennoch sieht es so aus, als würde ein Mangel oder eine Blockade im Körper bestehen. Viele Pferdebesitzer machen sich auf die Suche, um herauszufinden, welche Möglichkeiten es noch gibt, den Pferdekörper genauer unter die Lupe zu nehmen. Eine Antwort wäre die bioenergetische Haaranalyse mithilfe von Radionik.

Radionik: genial einfach – einfach genial

Radionik – bioenergetische Haaranalyse – gehört, wie auch die Homöopathie, die Akupunktur und die vielen anderen energetischen Heilmethoden, in den Bereich der regulativen Medizin, die man auch mit dem Begriff der Komplementarmedizin beschreibt. Radionik wird seit über 40 Jahren in der Humanmedizin und seit über 20 Jahren auch im Veterinärbereich eingesetzt. Die Erkenntnisse beruhen auf der allgemeinen und speziellen Relativitätstheorie von Albert Einstein, der im Rahmen der Quantenphysik bewiesen hat, dass sich jedes Elementarteilchen als materielles Teilchen und als Welle oder Frequenz beschreiben lässt. Was bedeutet das?

Was kann Radionik beim Pferd bewirken?

- Immunsystem/Selbstheilungskraft wird aktiviert.
- Disharmonien und Blockaden werden ausgeglichen – Energiefluss wird angeregt.
- Die natürliche Ordnung auf Zellebene wird wiederhergestellt.

Anwendungsbeispiele bei Pferden

- Hauterkrankungen – Ekzeme – Juckreiz
- Magen-Darm-Erkrankungen – Durchfall – Kotwasser
- Erkrankungen des Bewegungsapparats, Wirbelsäule, Lahmheit
- Stoffwechselerkrankungen
- Sogenannte altersbedingte degenerative Erkrankungen
- Gesamtstabilisierung und Erhöhung der Vitalität bei älteren Tieren
- Atembeschwerden/Husten
- Wundheilung
- Schmerzzustände
- Bakterielle Erkrankungen
- OP: Vor- und Nachbehandlung
- Harmonisierung des Hormonhaushalts
- Allergien und Futtermittelunverträglichkeit
- Ausleitung von Umwelt- und Schwermetallbelastungen
- Belastungen durch Viren, Bakterien, Pilze, Parasitenbefall

Der Körper des Pferdes wird über ein sogenanntes Organscreening analysiert, dabei können Belastungen, Blockaden und Mangelerscheinungen ausfindig gemacht werden. Das Hauptziel ist es, den Körper von negativen pathogenen Einflüssen zu befreien und somit die Selbstheilungskraft des Körpers wiederherzustellen.

Wie funktioniert das bei Pferden?

Jede Körperzelle, auch die des Pferdes, hat ein individuelles Schwingungsmuster. Die Atome, die ständig in Bewegung sind, erzeugen morphische Felder, durch die alles in unserer Welt miteinander verbunden ist. In diesen Feldern spiegeln sich sowohl physische als auch psychische Komponenten bei allen Lebewesen. Warum kann das speziell für in die Jahre gekommene Pferde ein großer Beitrag sein? Immer mehr Pferde leiden trotz fortschrittlicher Medizin an chronischen Erkrankungen. Im Rahmen der Analyse finden sich häufig vollkommen neue Ansatzpunkte und Zusammenhänge, die man nicht bedacht hat. Die Interpretation und die Zusammenhänge sind die Kunst der Arbeit.

Um ein detailliertes Organscreening bei Pferden durchführen zu können, benötigt man eine sogenannte eindeutige Identifikation: Haare, Speichel, Blutstropfen, Urin und/oder ein Foto. Bei hochmodernen computergestützten Radionikgeräten reicht ein Foto, um einen umfangreichen energetischen Gesundheitscheck zu erstellen.

Analyse und Therapiemöglichkeit ausloten

Die älteste Form der Radionik ist sicherlich unser Sonnenlicht. Gelangt Sonnenlicht auf unsere Haut, werden durch den ultravioletten Anteil Regulationsmechanismen in unserer Haut ausgelöst. Die Pigmentierung und Bräunung der Haut ist nur eine der Regulationen, darüber hinaus wird auch die Produktion von Vitamin D angeregt. Deshalb ist es besonders für ältere Pferde wichtig, dass

Foto: www.shutterstock.com/Toli2koff Photography

Bei der Radionik werden Schwachstellen im Körper ausgetestet und somit können Erkrankungen im Frühstadium durch einen gezielten Einsatz von Kräutern, ätherischen Ölen oder Mineralstoffen bekämpft werden.

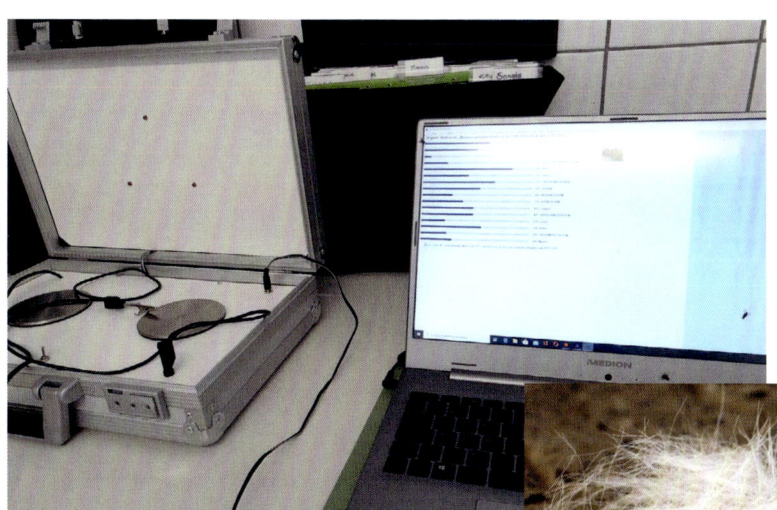

Foto: Andrea Kagerer

Foto: Christiane Slawik

Mit der Haaranalyse des Radionikgeräts lassen sich schon Imbalancen feststellen, lange bevor schwerwiegende Krankheiten entstehen.

sie ausreichend Tageslicht zur Verfügung haben, helle Stallungen können ein wichtiger Beitrag sein.

Pferden, aber auch Hunden, Katzen und allen Lebewesen kann mit einer radionischen Analyse sozusagen eine Stimme verliehen werden. Sie stellt eine wunderbare Möglichkeit dar, Blockaden, Nährstoffmangel und Ursachen für Energieleere auf die Spur zu kommen. Dieses Wissen und die Möglichkeiten, gezielt komplementäre Therapien einzusetzen, abgestimmt auf die Testergebnisse, bedeuten eine optimale Grundlage für Gesundheit bis ins hohe Alter. Frühzeitig erkennen, wo Schwachstellen im Körper sind, ist die beste Prophylaxe. Darüber hinaus ist durch ein Organscreening ein gezielter, auf das jeweilige Pferd abgestimmter Einsatz von unterstützenden Kräutern, ätherischen Ölen sowie die optimale Versorgung von Mineralien möglich. Das erspart nicht nur Kosten, sondern gewinnt auch Zeit und Lebensqualität für das Pferd. Besonders schön ist es, zu sehen, wenn auch Seniorenpferde wieder an Lebensqualität und -freude gewinnen und sie sich wahrlich mit Stolz aufrichten und wieder aufblühen. Dazu braucht es manchmal eine kleine Portion Mut und den Willen, sich in das Pferd und in seine Bedürfnisse hineinzuversetzen und sich eventuell über veraltete Annahmen und vorgefertigte Meinungen hinwegzusetzen. Erst müssen die Blockaden ausgeräumt werden, damit sich die wahre Erneuerung aus dem Inneren nach außen hin entfalten kann.

Radionik – Kommunikation – Energie

Energie ist unsere erste Sprache – die Sprache, die jedes Neugeborene spricht, und die Grundlage unseres Lebens. Für Pferde bedeuten Wörter nichts, aber sie lesen unsere Energie. Sie sind sich unserer Körpersprache bewusst und können „Gedanken von unserem Kopf empfangen".

Vielleicht können auch wir Pferden eine etwas andere Stimme verleihen und Informationen über ihren Körperzustand erkennen. Radionik ist Prophylaxe mit neuem Blickwinkel und stellt eine Möglichkeit dar, jedes Pferd optimal und individuell zu unterstützen. Bioenergetisches Organscreening mittels Haaranalyse erfreut sich immer größerer Beliebtheit bei aufgeschlossenen Pferdebesitzern, da es ein großer Beitrag für das Wohlbefinden der Pferde – insbesondes der Senioren – sein kann.

Radionik kann eine Antwort sein, auf die tiefe Sehnsucht von uns Menschen unsere Pferde besser zu verstehen und deren Gesundheit zu verbessern.

Zivilisationskrankheiten betagter Pferde

von Dr. Christina Fritz

Foto: Christiane Slawik

Geht man durch die Ställe, begegnen einem immer mehr Pferde mit grauem, kantigem Gesicht, altersweisen Augen und manchmal einem verschmitzten Grinsen in den faltigen Maulwinkeln. Die Anzahl an alten und sehr alten Pferden nimmt stetig zu und damit auch die Herausforderungen an die Besitzer und die Stallbetreiber. Denn nicht nur die Bedürfnisse in Bezug auf Ernährung, Herdenzusammensetzung und Ruhe ändern sich, sondern auch die Krankheiten, insbesondere die chronischen, nehmen mit jedem Jahr zu.

Mit zunehmenden Alter entwickeln unsere Hauspferde Krankheiten, die es so und in dem Ausmaß bei Wildpferden nicht gibt. Wildpferde sind üblicherweise einem starken Selektionsdruck ausgesetzt: Wasser- und Futtermangel bei Dürre oder in strengen Wintern, Raubtiere sowie unbehandelte Krankheiten führen in den meisten Lebensräumen dazu, dass Wildpferde bereits in einem Alter sterben, wo sie bei uns gerade in der Blüte ihres Lebens sind, mit ungefähr 15–16 Jahren. Damit ist ein Pferd noch kein Senior, nur weil er „schon" 17 ist. Aber jenseits der 20 spricht man von einem alten und bei über 30 Lenzen von einem sehr alten Pferd.

Wie alt ist ein Pferd in Menschenjahren?

Pferdealter	Lebensphase	Menschenalter
1	Fohlen, Jährling	6,5
2	Zweijähriger	13
3	Dreijähriger	18
4	Vierjähriger	20,5
5	Körperlich ausgewachsen	24,5
7		28
10		35
13	Mittleres Lebensalter	43
17		53
20	Senior	60
24		70
27		78
30	Sehr alt	85
33		93
36		100

Übersetzt und abgeändert nach einer Vorlage von Jeannie Willems, LVT, RVT, BS, www.thehorse.com

Sind Ponys wirklich langlebiger als Warmblüter?

Früher ist man davon ausgegangen, dass Ponys grundsätzlich gesundheitlich robuster sind und länger leben als große Pferde. Bis zu einem gewissen Punkt stimmt das auch. Denn in freier Wildbahn werden Pferde – je nach Futterangebot und Lebensraum – im Schnitt maximal um die 1,30–1,45 Meter groß. Auch wenn Warmblüter oder Vollblüter verwildern, passt sich ihre Größe innerhalb von ein bis zwei Generationen an das Nährstoffangebot in der Wildnis an und der Nachwuchs wird wieder kleiner. Umgekehrt werden Pferde wie Koniks oder Mustangs, die man in Gefangenschaft züchtet und füttert, oft innerhalb von ein bis zwei Generationen ein gutes Stück größer als ihre wilden Verwandten. Da das Pferd sich über fast 50 Millionen Jahre Evolution in freier Wildbahn und nicht unter der Obhut des Menschen entwickelt hat, kann man davon ausgehen, dass die Größe von Wildpferden ungefähr die ist, für die der Organismus durch Selektion optimiert wurde.

Das heißt, dass größere Pferde wie Warmblüter oder Kaltblüter für diese Körpergröße eigentlich biologisch gar nicht vorgesehen sind. Sie zeigen früher Gelenkverschleiß und Arthrosen durch das hohe Gewicht, das auf den Gelenken lastet. Auch das Herz-Kreislauf-System ist für diesen großen Körper tendenziell zu schwach ausgelegt, sodass sie oft schon früher Probleme hier haben als kleinere Pferde.

Nutzung in der Jugend bestimmt die Krankheiten im Alter

Aber das biologische Alter eines Pferdes hängt auch von seiner Lebensgeschichte ab. So wird ein

Ab etwa einem Alter von 16 Jahren steigt oft das Risiko für Übergewicht, da jetzt im Futter enthaltene überschüssige Energie nicht mehr in Höhenwachstum umgesetzt wird, sondern „in die Breite" geht. Erkrankungen wie Hufrehe, Insulinresistenz, EMS sind oft die Folge.

Pferd, das schon mit zwei Jahren unter den Sattel kommt und mit drei Jahren erfolgreich Reining-Turniere läuft, deutlich früher mit Gelenkverschleiß zu kämpfen haben als eines, das in Ruhe fertig wachsen kann, bis es sechs oder sieben Jahre alt ist, und erst dann mit dem Gewicht und den Anforderungen eines Reiters belastet wird. Dasselbe gilt für Pferde, die zwar später angeritten, aber über viele Jahre sportlich stark gefordert wurden, also entsprechend mehr „Kilometer auf den Beinen" haben als die meisten Freizeitpferde. Sportpferde entwickeln aufgrund ihres Trainings außerdem ein größeres (Sportler-)Herz, um die im Sport geforderte Leistung erbringen zu können. Wird so ein Pferd nach der Beendigung seiner Karriere nicht kontrolliert über etwa ein Jahr abtrainiert, dann kann es zu einer unkontrollierten Schrumpfung des Herzens kommen und damit zu früh einsetzender linksseitiger Herzinsuffizienz. Diese ist für die meisten Pferde erst ein Thema im Alter zwischen 16 und 22 Jahren, bei Sportpferden aber manchmal schon mit zwölf eine der Ursachen für die sichtbaren Gesundheitsprobleme.

Die Krankheiten nehmen mit den Jahren zu

Man kann bei Pferden über 16 Jahren von „älteren Pferden" sprechen und jenseits der 20 von „alten Pferden". Das macht sich an den zunehmenden geriatrischen Gesundheitsproblemen fest, die meist gar nicht plötzlich einsetzen, sondern langsam, schleichend und kaum merklich. Grundsätzlich hat man mit Pferden bis etwa sechs Jahre mit den typischen „Kinderkrankheiten" zu tun wie Wurmbefall oder Graswarzen. Diese nehmen ab, wenn das Pferd ausgewachsen und das Immunsystem ausreichend trainiert ist. Ab etwa diesem Alter steigt dafür oft das Risiko für Übergewicht an, da jetzt im Futter enthaltene überschüssige Energie nicht mehr in Höhenwachstum umgesetzt wird, sondern „in die Breite“ geht. Erkrankungen wie Hufrehe, Insulinresistenz, EMS sind dann oft die Folge.

Durch die oftmals leider nicht artgerechte Fütterung des Reitpferdes nimmt auch das Auftreten von Stoffwechselstörungen ab dem Zeitpunkt nach der Aufzuchtweide, meist zwischen dem dritten und sechsten Lebensjahr, deutlich zu. Entgiftungsstörungen, Sommerekzeme, Mauke, chronischer Husten, Kotwasser und viele andere Zivilisationskrankheiten können die Folge sein. Diese Krankheiten und Stoffwechselstörungen hinterlassen Spuren im Körper, auch wenn sie erfolgreich therapiert wurden. Es bedeutet aber, dass altersbedingte Erkrankungen bei solch einem Pferd in der Regel früher auftreten als bei einem Pferd, das sein Leben lang artgerecht ernährt und gehalten wurde und solche Probleme nie hatte.

Wenn das Pferd immer dünner wird

Das geht meist mit dem Gewichtsverlust los. Hat man bei seinem Pferd oft in der Blüte seines Lebens mit Übergewicht zu kämpfen, dreht sich das irgendwann um und man ist froh um jedes Pfund auf den Rippen. Ursachen dafür gibt es viele. Zum einen sinkt die Nährstoffausbeute im Darm, denn die Zähne können das Futter meist nicht mehr klein genug mahlen, damit ausreichend Oberfläche entsteht, um von den Dickdarm-Mikroorganismen (Mikrobiom, Darmflora) ausreichend verdaut zu werden. Auch nimmt die Varianz der Mikroorganismen mit zunehmendem Alter ab, was ein Grund ist, warum gerade das Raufutter nicht mehr so effizient verdaut werden kann. So wird ein hoher Faseranteil mit dem Kot wieder ausgeschieden, statt im Dickdarm in eine für das Pferd nutzbare Energieform umgewandelt zu werden.

Keine dritten Zähne beim alten Pferd

Wenn das Pferd anfängt abzunehmen, sollte man immer zuerst die Zähne kontrollieren lassen. Ein Wackelzahn kann so schmerzhaft sein, dass das Pferd nicht kauen möchte und damit viel zu wenig frisst. Aber auch wenn kein Zahn locker ist, kann das geriatrische Gebiss das Raufutter nicht mehr so gut zerkleinern. Das hängt mit der Konstruktion der Pferdezähne zusammen. Die bleibenden Zähne werden beim jungen Pferd mit einer sehr langen Reservekrone angelegt. So wie der Zahn in der Maulhöhle durch das Kauen abgenutzt wird (circa 2–5 Millimeter pro Jahr), schiebt er sich langsam aus dem Zahnfach hinaus. Ab einem Alter von etwa 20 Jahren ist die Reservekrone jedoch weitgehend aufgebraucht und der kurze Zahnstummel nur noch mit den Wurzeln im Zahnfach befestigt. Hier gibt es dann zwei Zahntypen: Bei einigen Pferden fängt der erste Zahn zu wackeln an. Man holt einen kompetenten Dentalpraktiker, der den

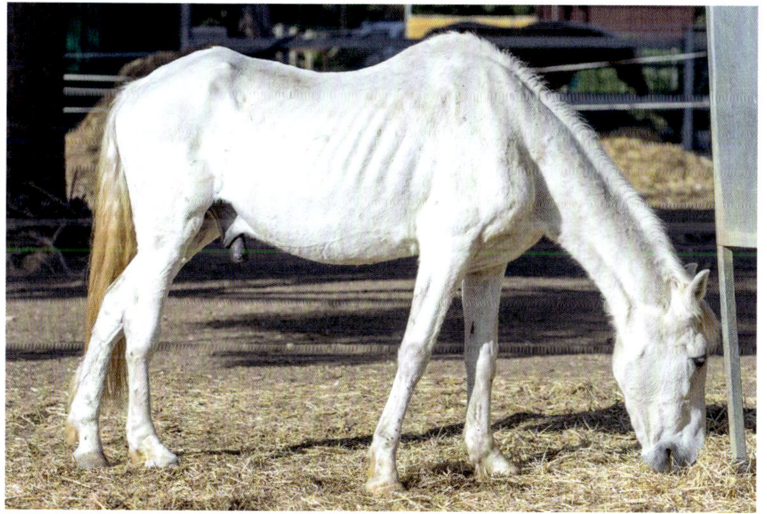

Foto: Christiane Slawik

Selbst wenn die eigentliche Verdauung noch gut funktioniert, ist bei alten Pferden die Darmschleimhaut immer weniger aufnahmefähig für Nährstoffe, ein Zustand, den man auch als Malabsorption bezeichnet. Die Gründe können vielfältig sein: alte Vernarbungen, beispielsweise von früherem Wurmbefall, aber auch chronische Entzündungsprozesse oder die altersbedingt reduzierte Regenerationsfähigkeit.

Wackelzahn entfernt; danach frisst das Pferd wieder vergleichsweise gut, bis der nächste Zahn zu wackeln beginnt. Nach und nach müssen immer mehr Zähne gezogen werden, weil sie ihren Halt im Zahnfach verlieren. Je weniger Zähne vorhanden sind, umso schlechter kann das Raufutter gekaut werden, umso mehr „vorgekautes" Heu in Form von eingeweichten Heucobs muss man zufüttern. Es gibt aber auch Pferde, die mit 30 Jahren immer noch ein komplettes Gebiss haben. Hier liegt meist eine chronische EOTRH (Equine Odontoclastic Tooth Resorption and Hypercementosis) vor: Die Zähne haben rund um ihre Wurzeln keulenförmige Auftreibungen entwickelt, mit denen sie im Zahnfach verankert bleiben. Die Kaufläche ist jedoch bei solchen Pferden in der Regel komplett abgenutzt, was manchmal zu Quietschgeräuschen beim Heukauen führt. In beiden Fällen kommt es immer wieder dazu, dass die Pferde Raufutterwickel fallen lassen, weil sie sie nicht ausreichend zerkleinern können. Auch bei Pferden mit vollständigem Gebiss, aber ohne Mahlfähigkeit muss man unbedingt eingeweichte Heucobs zufüttern, um fortschreitenden Gewichtsverlust zu vermeiden.

Herz-Kreislauf-Erkrankungen

Ab etwa 16 Jahren entwickeln die meisten Pferde eine schleichende linksseitige Herzinsuffizienz. Dadurch wird weniger Blut in den Körperkreislauf gepumpt und das in der Herzkammer verbleibende Blut kann zu einem Rückstau in den Lungenkreislauf und damit Atemwegsproblemen führen. Auch die Blutdruckregulation läuft dann meist nicht mehr so reibungslos. Herz-Kreislauf-Probleme werden bei Freizeit- und älteren Pferden von der Veterinärmedizin noch immer recht stiefmütterlich behandelt. Es gibt kaum Untersuchungs- und noch weniger Therapiemöglichkeiten. Dabei stellen sie bei alten Pferden eine sehr wichtige Ursache für sichtbare Symptome an anderer Stelle dar: Verdauungsstörungen (Kotwasser, Durchfall, Koliken, Wetterfühligkeit), Nierenfunktionsstörungen (Infektionskrankheiten, Immunschwäche, Haut- und Hufprobleme) und Atemwegsprobleme (Kurzatmigkeit, chronischer therapieresistenter Husten). In die Therapie solcher Erkrankungen sollte daher immer auch das Herz-Kreislauf-System einbezogen werden. Denn oft ist die Ursache nicht dort, wo das Symptom zutage tritt.

Foto: privat

Eingeweichte Heucobs können für alte Pferde, die einzige Möglichkeit sein, gefüttert zu werden, da sie Heu nicht mehr richtig verwerten können.

Hufrehe bei alten Pferden muss nicht immer ein Zeichen für Cushing sein, sondern kann auch auf eine Insulinresistenz hindeuten.

Hufrehe muss nicht immer eine Folge von Cushing sein

Eine der mit Recht am meisten gefürchteten Krankheiten beim Pferd ist die Hufrehe, da sie nach wie vor tödlich enden kann. Ist das Pferd schon älter, wird meist gleich ein „Cushing-Test" veranlasst, als ob es bei älteren Pferden keine anderen Ursachen für einen Hufreheschub geben könnte. Gleiches gilt für ältere Pferde, wenn sie ein ordentliches Winterfell angelegt haben oder an Gewicht verlieren. Schnell ist man mit der Diagnose „Cushing" dabei, und man soll seinem Pferd das Medikament Prascend geben mit dem Versprechen, dass dann alles gut würde.

Nun muss man ganz verschiedene Sachen auseinanderdividieren, die hier oft in einen Topf geworfen werden: Das „echte" Cushing, also ein gutartiger Tumor an der Hypophyse (PPID), ist nach wie vor eine sehr seltene Erkrankung, die überwiegend bei Pferden meist jenseits der 30 auftritt. Bei der weit überwiegenden Zahl betroffener Pferde handelt es sich um Fehldiagnosen, da ACTH ein Hormon ist, das beim Pferd insbesondere bei Stress ausgeschüttet wird. Eine akute Hufrehe ist durch die damit verbundenen Schmerzen ebenso ein Stresszustand wie ein unerkanntes Magengeschwür, mangelnde Nährstoffverwertung, eine problematische Gruppensituation oder manchmal auch der Besuch des Tierarztes. In all diesen Fällen wird man einen hohen ACTH-Spiegel messen, obwohl kein Hypophysenadenom und damit definitionsgemäß kein Cushing vorliegt. Unter Forschern wächst langsam die Erkenntnis, dass ACTH nicht für eine Diagnostik geeignet ist und auch, dass es eine Form von „peripherem Cushing" gibt, eine dem Cushing vergleichbare Symptomatik, aber ohne Beteiligung der Hypophyse.

Symptom ist nicht immer gleich Ursache

Dabei können die meisten mit Cushing in Verbindung gebrachten Symptome auch ganz andere Ursachen haben. So ist der zunehmende Gewichtsverlust, den man auch stark in der Muskulatur der Oberlinie sieht, oft eine Kombination aus schlechterer Futterverwertung und weniger Training. Denn ein altes Pferd verliert schon altersbedingt Muskelspannung und -masse im Vergleich zum jungen Pferd, wird aber meist auch weniger und/oder anders gearbeitet. All das zusammen führt dann symptomatisch zu einer kantigen Oberlinie, die von Jahr zu Jahr immer weniger wird, auch ohne dass das Pferd unter progressiver Muskelatrophie leidet wie bei einem „echten" Cushing.

Die Hufrehe, meist der Auslöser für die Diagnose Cushing, kann auch durch eine Insulinresistenz verursacht sein, die bei alten Pferden, wie auch bei alten Menschen, recht häufig vorkommt. Hier ist es fatal, dass die Veterinärmedizin meist den Begriff „EMS" verwendet, wenn eine Insulinresistenz gemeint ist, denn EMS beschreibt fettleibige Pferde, und das ist bei alten Pferden meist nicht der Fall. Auch eine eingeschränkte Nierenfunktion, die bei alten Pferden häufig vorkommt, kann ursächlich für die Hufrehe sein, ebenso wie alle Ursachen, die man auch bei jüngeren Pferden findet, wie hohe Fruktanwerte im Gras und damit ausgelöste Endotoxin-Hufrehen, Endophyten im Gras, Giftpflanzen im Heu, Medikamentengaben (vor allem Cortison) und viele andere. Hufrehe ist beim alten Pferd – genauso wie beim jungen – meist ein multifaktorielles Geschehen, wo eine oder mehrere Ursachen zusammenkommen mit einem Auslöser. Für eine nachhaltige Therapie ist es daher wichtig, diesen Ursachen auf den Grund zu gehen.

Foto: Christiane Slawik

Bei einer Nierenfunktionsstörung hilft es, wenn man im Frühjahr einen „Sportstreifen“ in das Winterfell schert.

Ein dicker Winterpelz – nicht unbedingt Cushing

Die zunehmende Begeisterung der Pferdebesitzer, ihren Pferden (selbst in Offenstallhaltung und bei reiner Freizeitbelastung) im Winter Thermodecken anzuziehen, scheint dazu zu führen, dass inzwischen die meisten (Fach-)Leute ein normal dickes Winterfell schon für krankhaft halten. Dazu kommt, dass ganz junge und ganz alte Pferde ihr Fell anders wechseln als die Pferde in der Altersklasse dazwischen. Beobachtet man eine Herde, in der Pferde zwischen sechs Monaten und 30 Jahren stehen, dann kann man sehen, dass die Pferde unter sechs Jahren und die über 20 Jahren relativ synchron wechseln: Sie fangen schon früher an, Winterfell zu schieben, bilden ein dickeres Winterfell aus und brauchen im Frühling länger, bis sie mit dem Fellwechsel anfangen und dann auch komplett durchgewechselt sind. Das ist zunächst mal nicht krankhaft, sondern ein schlauer Zug der Natur.

Denn junge und alte Pferde haben weniger Energie zur Verfügung, um sie als Wärmeleistung zu „verschwenden“. Deshalb ziehen sie sich schon früher ihre „Winterjacke“ an, haben ein dickeres, wärmeres Fell als andere und warten im Frühling, bis sie es wieder „ausziehen“. Daher sind weder ein dickes Winterfell noch ein im Frühling verzögerter Fellwechsel sofort Hinweise auf das Vorliegen eines Cushing. Viele alte Pferde leiden unter Nierenfunktionsstörungen, was auch den Fellwechsel erheblich beeinflusst und dazu führen kann, dass sie im Juni noch mit Winterfell herumlaufen. In diesen Fällen hilft man den Pferden am besten, wenn man im Frühjahr, sobald alle anderen Pferde ihr Winterfell abwerfen, erst mal einen „Sportstreifen“ in das Winterfell schert. Je nachdem, wie gut das Pferd noch selbst aus seinem Winterfell kommt, kann man den dann sukzessive erweitern, sobald das Wetter wärmer wird.

Arthrotische Veränderungen – das Laufen wird beschwerlicher

Mit zunehmendem Alter entwickeln Pferde arthrotische Veränderungen an den Gelenken.

Foto: Christiane Slawik

Mit zunehmendem Alter entwickeln Pferde arthrotische Veränderungen an den Gelenken.

Darunter versteht man eine Abnahme des hyalinen Gelenkknorpels, der wichtig ist für die schmerzfreie und reibungslose Bewegung des Gelenks. Dieser Prozess geht meist einher mit chronischen oder immer wiederkehrenden Entzündungen im Gelenkbereich und teilweise der Nachbildung von Faserknorpel, der jedoch längst nicht so gute Eigenschaften an dieser Stelle hat wie der originale Gelenkknorpel. Bei manchen Pferden kann man auf Röntgenaufnahmen kleine Knochenauswüchse (Exostosen) im Bereich des Gelenks erkennen, die ein Hinweis auf arthrotische Veränderungen im Gelenk sein können. Allerdings muss man hier mit der Interpretation immer sehr vorsichtig sein, weil ein Röntgenbild nur Knochen zeigt, aber keine Weichteile und Arthrose in erster Linie eine Weichteilveränderung ist. So gibt es immer wieder Pferde, bei denen solche „Knochennasen“ als Zufallsbefund auftauchen, ohne dass sie in ihrem Leben einen Tag lahm gegangen sind; umgekehrt können Pferde deutliche Arthroselahmheiten zeigen ohne einen röntgenologischen Befund.

Das Einsetzen der Arthrose ist meist ein schleichender Prozess: Die Pferde werden im Herbst, mit Beginn des nasskalten Wetters, etwas steifer und brauchen länger, bis sie sich eingelaufen haben. Je nach Vorgeschichte beginnen diese Probleme meist im Alter zwischen 16 und 20 Jahren. Sobald im Frühling das Wetter wieder warm und trocken ist, laufen die Pferde oft wieder einwandfrei. Aber mit dem nächsten nasskalten Wetter ist das „Ticken“, die lange Aufwärmzeit oder die leichte Lahmheit wieder da. Grundsätzlich verbessert sich bei Arthrose das Gangbild immer in der Bewegung, daher ist es so wichtig, dass alte Pferde viel Bewegungsmotivation über den Tag haben, beispielsweise in einer Paddock-Trail-Haltung. Stehen ist Gift für alte Beine!

Alte Pferde brauchen Rückzugsmöglichkeiten

Andererseits muss man eine Balance finden zwischen der Notwendigkeit für viel Bewegung auf der einen Seite und dem Bedürfnis nach Ruhe alter Pferde auf der anderen. Fehlen die Ruhephasen, steht das Pferd unter Dauerstress mit all seinen negativen Folgen für die Gesundheit. Ideal ist es, wenn man seinen Senior in eine „Rentnergruppe“ stellen kann, die aufgrund der steigenden Nachfrage von immer mehr Höfen angeboten wird. Hier sind nur Pferde mit ähnlichen Bedürfnissen (Ruhe, Fressen) zusammen, es wird keines herumgescheucht oder ständig zum Spielen aufgefordert und man kann auch die Fütterung für alle passend gestalten, denn mit Übergewicht hat in der Altersklasse eigentlich keiner mehr Probleme. Nicht jeder hat den Luxus einer solchen Rentnergruppenhaltung, sondern muss sein Pferd in einem normalen Stall einstellen. Auch hier findet man meist gute Lösungen.

Oft ist eine Gruppenhaltung über Tag und ein Separieren über Nacht in eine Paddockbox oder einen abgezäunten Bereich im Offenstall ideal. Ein positiver Nebeneffekt dieser Haltungsform ist es, dass man den Pferden einen großen Kübel Heucobs reinstellen kann, den sie in Ruhe über Nacht wegfressen können. So können auch Pferde mit Zahnproblemen in der Gruppe oft gut über den Tag kommen, auch wenn das Heukauen schon problematisch ist.

Pferde müssen zum Schlafen abliegen

Bei älteren Pferden sieht man oft kreisrunde Wunden im vorderen Bereich der Karpalgelenke oder Fesselköpfe, die trotz bester Wundversorgung nicht heilen wollen. Diese sind meist dadurch verursacht, dass die Pferde beim Dösen im Stehen zusammenbrechen und auf diese Gelenke fallen, bevor sie wieder hochspringen oder manchmal einfach zur Seite umkippen und dann einige Minuten liegen bleiben. Dieses als „Narkolepsie“ bezeichnete Verhalten hat nichts mit einem gestörten Schlafzentrum zu tun, wie die gleichnamige Erkrankung beim Menschen. Vielmehr handelt es sich um Schlafmangel aufgrund fehlender Tiefschlafphasen im Liegen.

Die Gründe dafür findet man oft in der Haltung oder in den stark schmerzenden Gelenken. Unruhige Gruppen, unsouveräne Herdenchefs, zu große Gruppen, zu kleine Liegeflächen – all das kann dazu führen, dass ältere Pferde, die meist recht rangniedrig sind, nicht ausreichend zum Abliegen kommen. Aber selbst bei Boxenhaltung, wo eigentlich der soziale Stress wegfällt, kann es zu diesem Verhalten kommen. Oft ist hier mangelnde Einstreu mit ein Grund, denn in der Box alter Pferde sollte besonders dick und trocken eingestreut

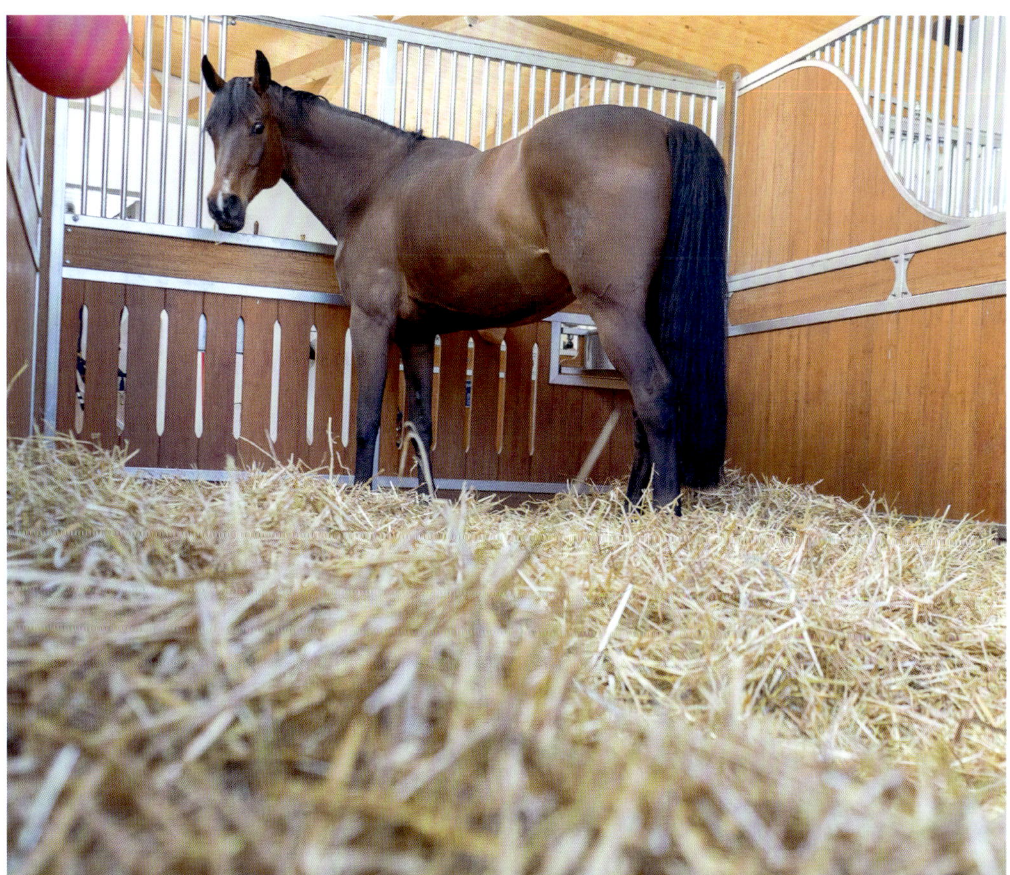

Foto: Christiane Slawik

Gerade alte Pferde brauchen eine dicke Schicht Einstreu, damit sie weich liegen, und durch die hohe Einstreu können sie auch gut wieder aufstehen.

werden, was leider nur selten beachtet wird. Die Einstreu isoliert gegen Kälte vom Boden, die die Gelenke schmerzen lässt, und sie ermöglicht ein Aufstehen, ohne wegzurutschen. Selbst bei optimaler Haltung und Einstreu gibt es Pferde, die sich nicht mehr hinlegen. Oft sind hier die Arthrosen schon so weit fortgeschritten, dass die Pferde Angst haben, nach dem Abliegen nicht mehr aufstehen zu können. Stattdessen dösen sie oft an die Wand gelehnt oder mit dem Hinterteil auf die Futterkrippe abgestützt, um sich einigermaßen regenerieren zu können.

Der Pflegefall im Stall

Arthrose, Herzschwäche, Kreislaufkoliken, Kotwasser und andere Verdauungsprobleme, ein geschwächtes Immunsystem mit entsprechend zunehmenden Infektionskrankheiten der Atemwege oder Haut, ein nicht mehr optimal arbeitendes Entgiftungssystem, therapieresistente Atemwegsprobleme ... Die Liste der Krankheiten, die alte Pferde in unserer Obhut entwickeln, ist lang; man kann sie oft aufschieben oder ihre Symptome mildern, aber meist nicht mehr nachhaltig therapieren. Hier geht es vor allem um ein gutes Management, das die Lebensqualität der Pferde sicherstellt und Schmerzen so weit wie möglich reduziert. Die tägliche Arbeit bei einem alten Pferd wird erheblich mehr, auch wenn man gar nicht mehr reitet, und die Kosten steigen immer weiter an. Von zugekauften Heucobs bis zu Spezialfuttermitteln oder Medikamenten reicht die Bandbreite. Dennoch schenken einem diese Senioren viel Lebensfreude und Weisheit und man möchte keinen von ihnen missen.

Foto: Christiane Slawik

Futtermanagement im Stall

Wenn Pferde in die Jahre kommen

von Dr. Christina Fritz

Die Zahl der „Rentnerpferde" in unseren Ställen nimmt stetig zu. Die Gründe dafür liegen auf der Hand: Ein Freizeitpferd hat weniger Verschleiß als ein Sportpferd oder ein schweres Arbeitspferd und bleibt daher länger körperlich fit. Außerdem ermöglichen moderne Futtermittel wie Heucobs, die Pferde noch lange im Futter zu halten, auch wenn sie ihr Heu schon nicht mehr ausreichend kauen können. Allerdings stellt einen so ein Senior vor ganz andere Herausforderungen in Bezug auf Haltung, Fütterung und Gesundheitsmanagement als ein junges Pferd.

Biologisch gesehen ist ein Pferd mit sechs Jahren komplett in der Höhe ausgewachsen und legt dann noch für weitere zwei Jahre an Muskelmasse zu, sodass es normalerweise mit acht Jahren „fertig" ist. Den Zenit an körperlicher Fitness und Leistungsfähigkeit hat ein Pferd in der Regel zwischen zehn und zwölf Jahren. Mit 16 beginnt der Alterungsprozess, den man mit guter Pflege zwar verlangsamen, aber nicht aufhalten kann. Auch wenn man es einem 18-Jährigen noch nicht ansieht oder manch 25-Jähriger fitter ist als so manches jüngere Pferd – physiologisch haben hier schon Alterungsprozesse eingesetzt, die mit jedem Jahr dem Pferd etwas mehr zu schaffen machen. Man kann davon ausgehen, dass Pferde ab 20 Jahren biologisch „alt" sind. Wie stark ihre Gesundheit zu dem Zeitpunkt in Mitleidenschaft gezogen ist, hängt von vielen Faktoren ab.

- **Aufzuchtbedingungen:** Ein Pferd, das in früher Jugend an Vernachlässigung und Mangelernährung gelitten hat, wird früher altersbedingte Gesundheitsprobleme zeigen als eines, das perfekt versorgt aufgewachsen ist.
- **Zeitpunkt des Anreitens:** Die meisten Pferde kommen im Alter zwischen zwei und vier Jahren unter den Sattel. In diesem Alter ist der Bewegungsapparat noch nicht auf Belastungen durch Reitergewicht und die Kräfte, die auf das Pferd bei der Arbeit auf der Kreisbahn einwirken, ausgebildet. Früherer Verschleiß der Gelenke ist die Folge.
- **Nutzung:** Ein Pferd, das sein Leben lang Freizeitpferd ist und mäßig bewegt wird, leidet naturgemäß unter weniger Verschleiß seines Bewegungsapparats als ein Rennpferd oder ein Pferd, das im großen Sport eingesetzt wird oder vor einem Fiaker den ganzen Tag Touristen über Teerstraßen zieht. Wobei auch „Nichtstun" krank machen und zum Beispiel Übergewicht, Insulinresistenz oder Atemwegskrankheiten begünstigen kann.
- **Vorerkrankungen:** Ein Pferd, das ein Leben lang gesund war, bleibt meist auch im Alter noch länger vor „Zipperlein" verschont als eines, das viele Erkrankungen durchgemacht hat. Jede Krankheit bedeutet Stress für den Körper und lässt daher den Organismus schneller altern.

Foto: Christiane Slawik

Senioren neigen zu einem altersbedingten „Hängerücken", der wie eine Hängebrücke, die zwischen Vor- und Hinterhand aufgehängt ist, aussieht.

Das Alter verändert den Körper

Wenn die Pferde älter werden, verändert sich ihr Körper in vielfältiger Hinsicht. Der Muskeltonus und die Muskelmasse nehmen ab. Hat man ein Pferd, bei dem man ein Leben lang gegen Übergewicht gekämpft hat, kommt irgendwann jenseits der 20 der Tag, an dem man froh ist über jedes Kilo, das man dem Pferd auf die Rippen gefüttert bekommt. Das Unterhautfettgewebe wird zurückgebildet, sodass vor allem das Gesicht „kantiger" aussieht und der Rest des Körpers an allen Rundungen eckig wird.

Der Rücken hat nicht mehr die Spannkraft wie einst und viele ältere Pferde entwickeln einen „Hängerücken" – nicht zu verwechseln mit dem „Senkrücken", bei dem die ventralen Haltebänder der Wirbelsäule überdehnen oder reißen und die Wirbelsäule hinter dem Widerrist „absackt". Der Grund hierfür ist der nachlassende Muskeltonus, vor allem der Bauchmuskulatur. Ein langer Pferderücken hängt dabei deutlich mehr durch als ein kurzer, aber in beiden Fällen ist die Tragkraft des Rückens wesentlich reduziert. Werden die Pferde noch regelmäßig gymnastiziert, kann man diese Entwicklung verlangsamen, aber aufhalten kann man sie nicht.

Der Hängerücken geht meist mit einem immer kugelförmiger aussehenden Bauch einher. Das ist ein normaler Vorgang mit zunehmendem Alter und artgerechter Ernährung. Zum einen wächst der Dickdarm tatsächlich noch, bis das Pferd etwa 20 Jahre alt ist. So hat ein 18-jähriges Pferd einen viel längeren Dickdarm als ein fünfjähriges. Die Peristaltik bei alten Pferden ist auch meist nicht mehr so flott wie bei jüngeren Pferden, sodass das Futter länger im Dickdarm verweilt und dadurch logischerweise mehr Futter im Dickdarm vorhanden ist. Dieser große, gut gefüllte Dickdarm in Kombination mit einer immer schwächer werdenden Bauchmuskulatur führt bei älteren Pferden oft zum „Kullerbauch", was altersbedingt als weitgehend normal angesehen werden kann.

Auf der Stirn, unter dem Schopf, tauchen die ersten weißen Haare auf. Sie werden mit den Jahren immer mehr und fangen an, sich über das Gesicht auszubreiten. Wenn es dann über die 30 geht, breiten sich die weißen Haare meist über den Hals und nach und nach über den ganzen Körper aus, bis die Pferde recht „stichelhaarig" aussehen. Das Hören lässt bei den meisten Pferden ab circa 25 Jahren langsam nach, sodass sie auf leise Geräusche nicht mehr reagieren. Auch das Sehen ist bei vielen älteren Pferden nicht mehr so gut wie in jüngeren Jahren, wobei nicht alle Pferde Trübungen der Linse zeigen. Manchmal merkt man ihnen die eingeschränkte Sehfähigkeit gar nicht an, andere werden schreckhaft (manchmal nur wenn ein Ereignis auf einer Seite stattfindet) oder drehen den Kopf, um Dinge mit ihrem „guten" Auge anschauen zu können. Dabei bestätigt die Ausnahme immer die Regel – es gibt Pferde, die mit Anfang 30 noch über einen exzellenten Hör- und Sehsinn verfügen.

Nicht nur Menschen werden im Alter „wunderlich"

Was sich bei den meisten älteren Pferden jenseits der 20 ausprägt, ist ein gewisser „Altersstarrsinn". Pferde sind Gewohnheitstiere, und mit zunehmendem Alter finden die meisten Pferde Veränderungen immer ärgerlicher und können sich bei Neuerungen in ihrem Alltag als ausgesprochen ungnädig erweisen. Im Umgang schont es die eigenen Nerven, wenn man sich selbst an den Senior anpasst, denn er hat jetzt sein eigenes Tempo und seine eigenen Vorstellungen, was man wie zu machen hat. Manchmal hat man das Gefühl, dass die älteren Pferde meinen, dass sie sich das jetzt verdient haben, im Ruhestand auch mal ihren Kopf durchzusetzen und sich nicht mehr an die Vorstellungen des Menschen anpassen zu müssen.

Foto: Christiane Slawik

Sehr alte Pferde haben oft Probleme mit der Futterverwertung, sie nehmen nicht genug Nährstoffe auf.

Gleichzeitig können sie sehr gewitzt sein, und manches Mal meint man, ihnen das Grinsen regelrecht ansehen zu können, wenn sie ihren Besitzer foppen. Auch wenn ein altes Pferd mehr Pflege- und Fütterungsaufwand bedeutet als ein Jungpferd – ihr charmanter Charakter und ihre lustigen Eigenarten, die sie auf ihre alten Tage entwickeln, machen das jederzeit wett. Sie sind großartige Lehrmeister, wenn man sich auf sie einlässt.

Der Senior schätzt seine Ruhe

Wichtig ist zu wissen, dass ältere Pferde mehr und längere Ruhephasen brauchen als jüngere Pferde. Daher ist die Haltung in einer altersgemischten Offenstallgruppe oft problematisch. Senioren haben meist kein Interesse mehr an Rangordnungskämpfen, sie wollen weder um Fressplätze noch um Ruhezonen mit anderen streiten. Das führt in Offenstallgruppen oft dazu, dass die älteren Pferde nicht mehr ausreichend an das Heu kommen und sich häufig auch nicht mehr hinlegen, da sie Angst haben, nicht schnell genug hoch- und wegzukommen, wenn sich ein Tier nähert, das seinen höheren Rang hervorkehrt.

Pferdesenioren profitieren davon, wenn man sie entweder in eine reine „Rentnergruppe" stellt, in der ausschließlich Pferde stehen, die im Wesentlichen die gleichen Bedürfnisse haben. Das ist auch stallorganisatorisch einfacher, weil man hier zum Beispiel eingeweichte Heucobs für die ganze Gruppe anbieten kann, ohne dass diese von jüngeren Pferden den Alten weggefressen werden. Oder man nimmt seinen Senior abends aus der Gruppe und stellt ihn über Nacht in eine (Paddock-) Box oder in einen abgetrennten Bereich vom Rest der Gruppe. Hier hat der Senior seinen eigenen Schlafbereich, kann über Nacht in Ruhe fressen und steht trocken und windgeschützt. So kann er sich erholen, sodass er etwas Stress und Unruhe über Tag in der Gruppe wieder gut kompensieren kann. Eine reine Boxenhaltung ist für Rentner auch keine Option, da die oft arthrotischen Gelenke viel ruhige Bewegung benötigen und Stehen Gift für den Bewegungsapparat alter Pferde ist. Man muss daher immer einen Kompromiss zwischen viel ruhiger Bewegung (Gruppenhaltung auf großen Ausläufen) und Ruhe (abgetrennter Bereich, Box ...) finden.

Die Nährstoffaufnahme sinkt

Das mit Abstand schwierigste Thema bei älteren Pferden ist die immer schlechter werdende Futterverwertung. Der Darm entwickelt ein sogenanntes Malabsorptionssyndrom. Damit beschreibt man die nachlassende Fähigkeit des Darms, die im Futter enthaltenen Nährstoffe aufzunehmen. Ist ein Jungpferd in der Lage, bis zu 85 % der im Futter enthaltenen Nährstoffe für sich nutzbar zu machen, sinkt diese Verdauungsleistung mit zunehmendem Alter, sodass man viel mehr reinfüttern muss, damit überhaupt noch genug im Pferd ankommt.

Zahnprobleme nehmen zu

Dazu kommt ein immer schlechterer Zahnzustand. Die Zähne des Pferdes nutzen sich im Lauf der Zeit durch die Kauleistung langsam ab und verlieren etwa zwei bis fünf Millimeter im Jahr an Länge. Im selben Maß werden sie aus dem Zahnfach rausgeschoben, sodass der sichtbare Teil des Zahns immer gleich lang aussieht. Irgendwann ist jedoch der Wurzelteil des Zahns im Kiefer so kurz, dass er den Halt im Zahnfach verliert. Mit jedem Zahn, der verloren geht, büßt das Pferd Kauleistung ein, sodass es sein Heu immer langsamer kaut, um es gründlich zu zerkleinern. Einige Pferde weisen aber noch mit 30 ihr komplettes Gebiss auf.

Ob noch alle Zähne vorhanden oder schon altersbedingte Zahnlücken entstanden sind, jenseits der 20 verlieren die Zähne an Mahlfähigkeit, weil ihre Oberfläche zunehmend glatt wird. Damit verliert das Pferd die Fähigkeit, sein Heu beim Kauvorgang ausreichend klein zu mahlen. Die Pferde produzieren zunehmend Heuwickel, auf denen herumgekaut wird, die dann aber mangels Mahlleistung ausgespuckt werden und auf dem Boden um den Fressplatz des Pferdes herumliegen. Bei Gruppenhaltung werden diese Heuwickel oft von anderen Pferden aufgesammelt und gefressen. Hinweise auf Zahnprobleme treten aber oft schon vor den Heuwickeln auf, wenn die Pferde nur noch einseitig kauen, das Futter in der Maulhöhle hin und her schieben, beim Fressen mit dem Kopf schlagen oder den Kopf beim Kauen schief legen. Im schlimmsten Fall, wenn die Pferde gar nicht mehr fressen wollen, muss sofort der Tierarzt alarmiert werden. Neben Zahnproblemen kommen hier

Foto: Christiane Slawik

Pferderentner brauchen Ruhe und legen sich nur hin, wenn sie sich sicher fühlen.

Foto: Christiane Slawik

Je nach Pferd ist meist im Alter zwischen 20 und 25 der Punkt gekommen, wo der erste Zahn wackelig wird und gezogen werden muss, weil er ansonsten starke Schmerzen und Kauprobleme verursacht.

auch Magengeschwüre oder massive Leberprobleme als Ursache infrage, warum das Pferd nicht mehr fressen möchte.

Alte Pferde im Futter halten – Herausforderung Fütterungsmanagement

Sinkende Nährstoffausbeute, in Kombination mit schwindender Kauleistung, führt bei älteren Pferden dazu, dass es immer schwerer wird, sie im Futter zu halten. Im Sommer geht das meist noch gut, da das geriatrische Gebiss Gras lange viel besser zerkleinern kann als Heu und da Gras deutlich mehr Nährstoffe enthält, die teilweise über den Trocknungsvorgang bei der Heuproduktion verloren gehen. Spätestens im Winter geht es mit dem Gewichtsverlust los. Infekte, wie eine durch den Stall ziehende Erkältung, können dafür sorgen, dass die Senioren innerhalb weniger Tage so stark an Gewicht verlieren, dass man jede Rippe sehen kann. Spätestens im Frühjahr sehen viele ältere Pferde so abgemagert aus, dass man sich Sorgen machen muss, jemand könnte den Tierschutz rufen. Daher ist es immer wichtig, dass die älteren Pferde möglichst mit etwas Übergewicht in den Winter gehen. Sie nehmen dann bis zum Frühling meist ungewollt von allein ab. Dabei spielt die Versorgung mit Heu (das nicht mehr gut gekaut werden kann und weniger Nährstoffe als Gras enthält) ebenso eine Rolle wie der erhöhte Energieverbrauch durch kalte Witterung und die schlechte Nährstoffverwertung durch chronische Schmerzen wie Arthrose.

Es kommt der Tag, an dem das Pferd – trotz großzügiger Heufütterung – permanent abnimmt. Wiegt man die in 24 Stunden gefressene Heumenge nach, stellt man oft fest, dass die Pferde nicht mehr auf ihre für den Erhaltungsbedarf notwendige Menge von mindestens zwei bis drei Kilogramm je 100 Kilogramm Körpergewicht kommen, sondern deutlich darunterliegen. Der langsamere Kauprozess sorgt dafür, dass während der Futteraufnahmezeit nicht mehr genug Heu gründlich genug gekaut werden kann. Manche Pferde fangen an, schneller zu fressen und schlecht zerkautes Heu abzuschlucken. Das kann bei vielen Senioren eine Ursache für (therapieresistentes) Kotwasser sein. Andere kauen langsam und gründlich, sodass sie die Faser gut verdauen können, nehmen aber trotz ständiger Heuzufuhr ab, da die Menge pro Tag nicht ausreicht. In dem Fall sollte der Anteil an verdaulicher Pflanzenfaser erhöht werden, indem man eingeweichte Heucobs zufüttert. Diese wirken im Darm wie „vorgekautes Heu“. Sie sind die ideale Ergänzung zur Heufütterung, aber auch später zur Weide, wenn die Pferde das Gras irgendwann nicht mehr richtig kauen können.

Foto: privat

Heucobs müssen eingeweicht werden, damit der Senior keine Schlundverstopfung bekommt.

Es gilt, dass ein Kilogramm trockene Heucobs ein Kilogramm Heu ersetzen. Wenn das Pferd also für den Erhaltungsbedarf 10–15 Kilogramm Heu benötigt (500 Kilogramm Zielkörpergewicht), aber nur acht Kilogramm in 24 Stunden frisst, muss man mindestens zwei Kilogramm Heucobs trocken abwiegen und mit mindestens der dreifachen Menge Wasser einweichen und verfuttern, um die fehlende Menge an Heu zu ergänzen. Eher mehr, da die Pferde zu dem Zeitpunkt ja meist schon Gewicht verloren haben und man dieses wieder „auffüttern“ will. In dem Fall sollte man bis zu acht Kilogramm trocken abwiegen, einweichen und verfuttern. Bei so großen Mengen bietet es sich an, diese auf mehrere Mahlzeiten aufzuteilen. Ist das in der Stallorganisation nicht möglich, kann man den Senior auch über Nacht mit einem großen Kübel eingeweichter Heucobs aufstallen und morgens wieder zur Gruppe dazustellen.

Foto: Christiane Slawik

Zufütterung mit Sinn und Verstand

Nehmen die Senioren ab, sind viele Pferdehalter in Versuchung, dem Futter größere Mengen Kraftfutter oder Öl zuzusetzen, da diese über eine deutlich höhere Energiedichte verfügen als Heu. Ältere Pferde haben jedoch oft mit einer nicht erkannten Insulinresistenz zu tun, was die Zufütterung von Kraftfutter gefährlich macht, da durch stärkehaltige Futtermittel eine Hufrehe ausgelöst werden kann. Fälschlicherweise werden die Pferde meist als „Cushing-Pferde“ diagnostiziert, obwohl sie überhaupt kein Hypophysenadenom (Tumor) aufweisen, sondern eine Insulinresistenz. Pferde sind physiologisch nicht auf die Verwertung größerer Mengen Öle oder Fette ausgelegt, da diese in der Evolution nie Teil ihres Nahrungsspektrums waren. Insbesondere die Energiegewinnung aus Fetten (Keton-Pathway) ist bei Pferden im Vergleich zu anderen Tierarten nur sehr schwach ausgeprägt. Das führt dazu, dass die dem Futter zugesetzten Öle nicht ausreichend verdaut und verwertet werden können. Sie senken stattdessen die Nährstoffausbeute aus der Rohfaser des Heus, dem wichtigsten Energielieferanten für Pferde.

Zucker- und stärkehaltige Futtermittel wie Getreide oder Müslis sollten bei Senioren unbedingt vermieden werden, weil viele unter einer versteckten Insulinresistenz leiden, die bei solcher Fütterung einen Hufreheschub auslösen kann.

Größere Mengen an Ölen in der Fütterung stellen darüber hinaus eine erhebliche Belastung für den Stoffwechsel dar. Daher sollte auf die Fütterung von stärkehaltigen Kraftfuttern ebenso verzichtet werden wie auf den Zusatz von Ölen in der Fütterung.

Sinnvolle Ergänzung – hochwertige Eiweiße

Eine sinnvolle Ergänzung der Ration für ältere Pferde stellt die Fütterung von hochwertigen Eiweißen dar. Sie können vom Pferd sowohl für den Muskelaufbau als auch als Energielieferanten verwendet werden. Eiweiße unterscheiden sich sehr stark in der Qualität, je nachdem, woher sie stammen. Für Pferde ungünstig sind Eiweiße aus Sojaschrot oder Sojaextraktionsschrot. Denn das Aminosäuremuster dieser Eiweiße ist für Pferde unausgeglichen; gleichzeitig enthält die Sojabohne eine Stärkeform, die vom Pferd im Dünndarm nicht verdaut werden kann. Sie kann daher zu Fehlgärungsprozessen im Dickdarm führen und das Risiko einer Hufrehe oder Kolik mit sich bringen.

Sinnvoller ist es hier, auf faserbasiertes Eiweiß zu setzen aus Pflanzen wie Luzerne oder Esparsette. Beide haben ein für Pferde gutes Aminosäuremuster. Die Esparsette enthält im Gegensatz zur Luzerne einen hohen Anteil an Gerbstoffen (kondensierte Tannine), die dafür sorgen, dass die Verdaulichkeit der Eiweiße noch gesteigert wird. Bei solchen eiweißreichen Pflanzen gilt als Faustregel, dass man nicht mehr als drei Kilogramm für ein ausgewachsenes Pferd (600 Kilogramm) geben sollte und solche Futtermittel zuerst nur in kleiner Menge gibt und langsam steigert, sodass die Verdauung sich darauf einstellen kann. Die Menge sollte immer dem Gewichtszustand angepasst werden sowie dem Weidegang. Haben die Pferde im Sommer viel Zugang zu ordentlicher Weide und können das Gras noch gut kauen, kann man die Menge im Frühjahr reduzieren und über den Sommer teilweise komplett aussetzen.

Das Auge ist der beste Futtermeister.

Sind die Weiden abgefressen, ist der Zugang zeitlich limitiert oder kann das Pferd aufgrund seines Zahnzustands Weidegras auch nicht mehr ausreichend kauen, sollte man die Menge wieder erhöhen. Stetiges Beobachten seines Pferdes hilft, die richtige Menge immer wieder an den Bedarf anzupassen.

Mit ausreichender Gabe von eingeweichten Heucobs, Ergänzung mit Luzerne oder Esparsette, einem an das Alter angepassten Mineralfutter sowie ständigem Zugang zu Heu (auch wenn es nur noch „gemümmelt" wird und nicht mehr wirklich gefressen werden kann) hält man den Rentner noch lange so gut im Futter, dass er seinen Lebensabend genießen und einem viele Stunden Lebensfreude und Altersweisheit schenken kann.

Oldies auf den Zahn gefühlt

Probleme, Erkrankungen & Behandlung

von Dr. Karin Palmer und Mag. Caroline Rezabek

Auch heutzutage kursieren immer noch diverse Mythen in den Ställen. Sätze wie: „Ach, das Pferd ist schon so alt, das braucht keinen Zahnarzt mehr", „Der frisst doch super, der hat nix an den Zähnen", oder: „Es ist doch normal, dass alte Pferde mager sind und schlecht fressen", bekommen wir häufig zu hören. Dabei benötigen gerade die Senioren eine regelmäßige Zahnkontrolle, denn die meisten Pferde sind hart im Nehmen und hören erst auf zu fressen, wenn gar nichts mehr geht. Das hat auch einen tief verankerten Grund: Pferde, die durch Nichtfressen oder eigenartige Fressbewegungen den Feind auf sich aufmerksam machten, erschienen schwächer und angreifbarer. Und das will natürlich kein Fluchttier.

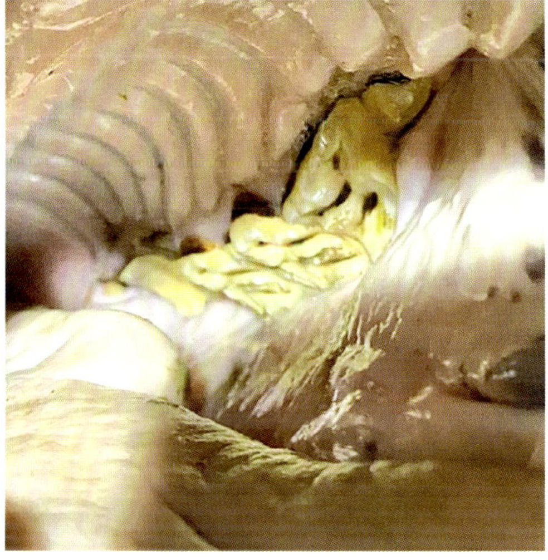

Fotos: Mag. Rezabek

Stark abgenützte Backenzähne eines alten Pferdes.

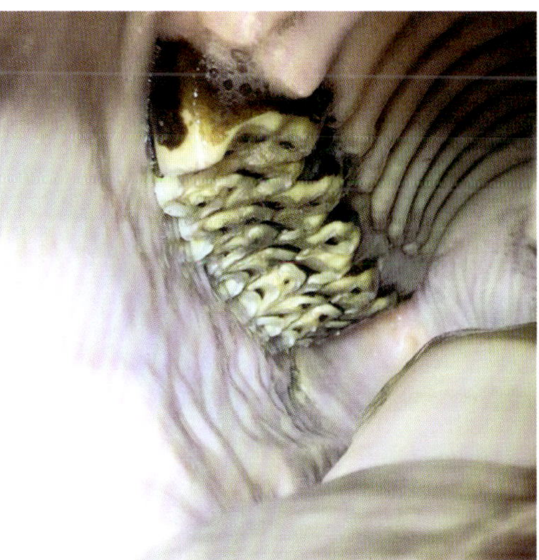

Backenzähne eines jüngeren Pferdes.

Symptome bei Zahnschmerzen

Bei alten Pferden kann es dazu kommen, dass die Zähne zu stark abgenützt sind, um das Heu und langstängelige Gras ausreichend mahlen zu können. Das Pferd kann an Gewicht verlieren, obwohl es augenscheinlich viel frisst, jedoch zusätzlich Heuröllchen ausspuckt („Wickelkauen"). Eine genaue Beobachtung des Pferdes beim Fressen und des Pferdekopfes kann auch dem Besitzer schon viele Hinweise auf Zahnprobleme liefern.

Foto:s privat

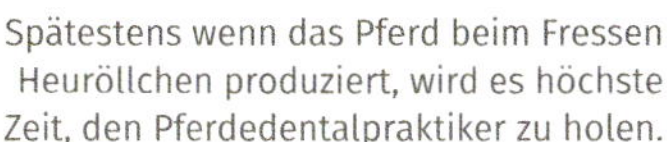

Spätestens wenn das Pferd beim Fressen Heuröllchen produziert, wird es höchste Zeit, den Pferdedentalpraktiker zu holen.

Checkliste bei Zahnproblemen:

- Kaut das Pferd auf Bodenhöhe oder hält es seinen Kopf schief oder hoch?
- Sind Mahlgeräusche zu hören?
- Wird Futter ausgespuckt?
- Tropft Speichel beim Fressen aus dem Maul oder lutscht das Pferd das Heu?
- Hält es seine Lippen geschlossen und sieht der Kopf symmetrisch aus, wenn es in Ruhe steht?
- Sind Schwellungen am Kopf vorhanden?
- Zeigt es Ausfluss aus der Nase oder riecht es übel aus Maul oder Nüstern?
- Kommen Verstopfungskoliken oder Schlundverstopfungen gehäuft vor, oder hat das Pferd andere Probleme mit seiner Verdauung?
- Sind lange Fasern im Kot zu finden?

Direkter Vergleich eines abgenützten, kurzen Backenzahns eines alten Pferdes (oben) mit dem Backenzahn eines jungen Pferdes mit noch sehr langer Reservekrone.

Foto: Mag. Rezabek

Wie funktioniert ein Pferdezahn?

Pferdezähne kann man mit Bleistiften vergleichen, die mit einer Bleimine befüllt sind. Die Mine nützt sich beim Schreiben ab, wodurch auch eine Spitze entsteht, und irgendwann ist die Mine kurz und der letzte Zentimeter findet keinen Halt mehr im Bleistift und fällt heraus. So ähnlich funktioniert das auch bei den Zähnen: Bis das Pferd circa acht Jahre alt ist, wächst der Zahn im Kiefer bis zu zwölf Zentimeter in die Länge. Die Zahnkrone nützt sich durch den Mahlvorgang ungefähr zwei Millimeter im Jahr ab und schiebt sich dabei weiter aus dem Zahnfach hinaus.

Je älter das Pferd ist, desto weiter hat sich der Zahn hinausgeschoben und an der Unterseite abgenützt, ist also insgesamt kürzer. Solch kurze Zähne werden locker, da sie keinen Halt mehr im Kiefer finden. Durch die Abnützung der rauen Reibefläche wird der Zahn im Alter glatt und kann keine Mahlfunktion mehr übernehmen. Aus diesem Grund ist gerade bei älteren Pferden eine regelmäßige (oft sogar halbjährliche) sorgfältige Untersuchung wichtig!

Wie läuft eine Zahnbehandlung beim Pferd ab?

Ausgebildete Pferdedentalpraktiker achten auf subtile Veränderungen am Pferdekopf und können auch am „wachen“ Pferd oft schon viele Befunde erheben. Die meisten Pferde lassen einen Blick ins Maul ohne Maulgatter zu und viele lassen sich auch die Zähne abtasten. Eine so gründliche Voruntersuchung liefert oft schon Hinweise auf vorliegende Zahnerkrankungen und gibt nicht nur Aufschluss darüber, ob das Pferd eine Zahnbehandlung nötig hat, sondern auch, ob es fit genug ist, sediert zu werden. Für eine genaue Kontrolle müssen das Öffnen der Kiefer durch das Maulgatter sowie die Untersuchung mit einem Spiegel oder

Zahnendoskop erfolgen, was in der Regel nur unter einer Sedierung möglich ist.

Eine Sedation hat einige Vorteile: Das Pferd ist entspannt, was sich nicht nur positiv auf die Psyche auswirkt, sondern auch bedeutet, dass es das Maul ohne viel Gegendruck aufs Maulgatter öffnet und somit seine Kiefergelenke schont. Es hält den Kopf ruhig, wodurch eine gründliche Untersuchung aller Zahnseiten, des Zahnfleisches, der Backenschleimhaut und der Zunge mit dem Zahnspiegel möglich ist. Zudem werden Abwehrbewegungen des Pferdes minimiert, denn ein Pferdekopf mit Maulgatter, das auf das Gesicht der helfenden Person geschleudert wird, kann sehr leicht zu ernsthaften Verletzungen bei Pferd und Helfer führen! Hält das Pferd durch eine leichte Sedation den Kopf still, ist auch ein millimetergenaues Arbeiten unter Sichtkontrolle möglich.

Zur Sedation werden verschiedene Medikamente verwendet, die an die Dauer und Art des Eingriffs angepasst werden können. Etwa drei bis fünf Minuten nach der Spritze beginnt das Pferd sich wie „betrunken" zu fühlen: Es entspannt sich, lässt den Kopf hängen und wird etwas wackelig auf den Beinen. Um höhere Dosierungen zu vermeiden, sollte schon vorher für eine ruhige Umgebung gesorgt werden sowie im Sommer für ausreichend Schutz vor Insekten, die das Pferd stören können.

Um den Kopf in eine für das Pferd und den Pferdedentalpraktiker angenehme Position zu bringen, kann ein Dentalhalfter oder eine Kopfstütze verwendet werden. Das Raspeln der Zähne ist nicht schmerzhaft, aber mit Geräuschen und Vibrationen verbunden. Dauert eine Behandlung länger, sollten kurze Entspannungspausen eingelegt werden, in denen das Maulgatter geschlossen und der Kopf gesenkt wird.

Insbesondere bei alten Pferden empfiehlt sich die Behandlung mithilfe elektrischer Zahnmaschinen. Diese haben den Vorteil, durch schmale Aufsätze auch in sehr unregelmäßigen Zahnreihen jeden Zahn punktgenau beschleifen zu können.

Manuelle Handraspeln sind mit etwas ruckartigeren Bewegungen verbunden, die bei Zähnen ohne festen Halt unangenehm für das Pferd sein können. Die flachen, länglichen Schleifkörper von Handraspeln haben eine größere Auflagefläche, wodurch sie sich nicht so genau an den Zahn anpassen können.

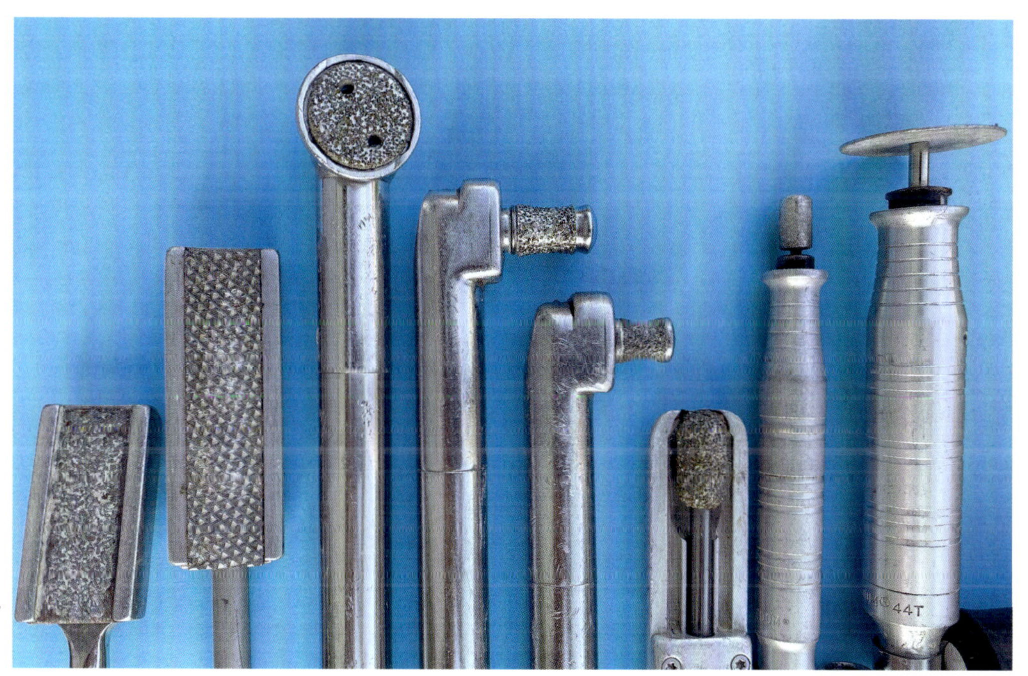
Foto: Mag. Rečabek

Von links: zwei Handraspeln, elektrische Raspeln mit flachem Aufsatz, dickem und dünnem Applecore, große Walzfräse, Handstücke zur Schneidezahnbearbeitung mit kleiner Walzfräse und flacher Trennscheibe.

Nach der Zahnbehandlung soll das Pferd in Ruhe wieder ganz munter werden können. Ein Platz im Schatten ohne direkten Kontakt zu anderen Pferden ist ideal. Um ein Verschlucken zu vermeiden, soll für ein bis zwei Stunden auf Futter verzichtet werden, bis das Pferd wieder ganz wach ist. Wenn das Pferd etwas munterer ist, kann auch der Kreislauf angeregt werden: Abspritzen der Beine oder ein kleiner Spaziergang hilft besonders an heißen Tagen. In Absprache mit dem Tierarzt können auch kreislaufanregende pflanzliche Mittel verabreicht werden.

Zahnerkrankungen beim alten Pferd

Es gibt einige Zahnerkrankungen, die gehäuft beim alten Pferd auftreten.

Seniles Gebiss

Bei alten Pferden kann man vermehrt beobachten, dass die Zähne immer glatter werden. Das erfolgt durch den weit fortgeschrittenen Ausschub des Zahns aus dem Zahnfach. Die Schmelzeinstülpungen, die dem Pferdezahn seine typische „Rauheit" verleihen, sind abgenützt und die Zahnoberfläche ist glatt. Manchmal können auch leichte Quietschgeräusche beim Fressen zu hören sein, ähnlich wie beim Fensterputzen, da das Raufutter durch die fehlende Zahnstruktur nicht mehr gemahlen werden kann.

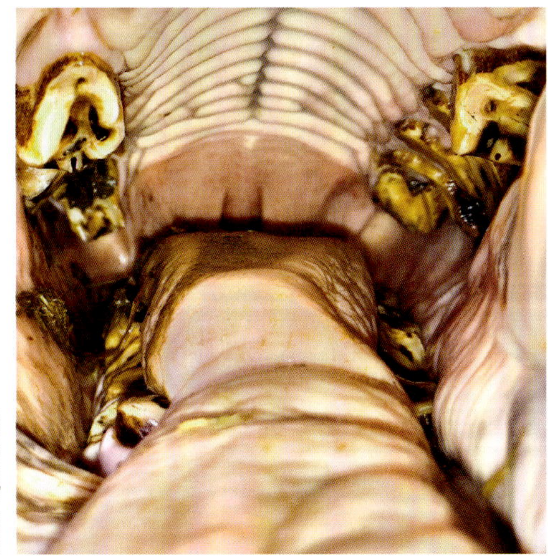

Foto: Mag. Rezabek

Stark senile Zähne mit glatt abgenützten Kauflächen.

Doch auch bei solch stark abgenützten Zähnen können sich noch spitze Kanten oder abgebrochene Ecken bilden, die zu tiefen Verletzungen der Wangen- und Zungenschleimhaut führen.

Ein weiteres Anzeichen für ein seniles Gebiss sind lockere Zähne. Auch hier ist der häufigste Grund der Verlust der Zahnsubstanz. Weitere Gründe für lockere Zähne können Erkrankungen des Zahnfleischs sein. Das Zahnfleisch kann sich – wie beim Menschen – zurückziehen und Parodontosen bilden. Dadurch entstehen Lücken zwischen den Zähnen (sogenannte Diastasen/Diastemata), in denen sich Futter festsetzen und zu sehr schmerzhaften Entzündungen führen kann.

Wellengebiss

Als Wellengebiss wird eine unregelmäßige Höhe der Kauflächen bezeichnet, die, von der Seite betrachtet, wellenartige Formen haben kann. Ursächlich sind meist Probleme beim Zahnwechsel und eine nicht erfolgte Korrektur in jungen Jahren. Wird das Pferd älter, verstärkt sich diese Fehlstellung und der Zahnabrieb erfolgt weiterhin sehr unregelmäßig. Durch die ungleiche Höhe der Zähne kommt es zu Einschränkungen der Kaubewegung, was sich nicht nur in der Rittigkeit bemerkbar macht, sondern auch weitreichendere Folgen hat: Einzelne Zähne werden zu stark abgenützt, das Kiefergelenk wird zu stark belastet und es kann zu Schmerzen kommen.

Karies

Dass Pferde auch Karies haben können, erstaunt viele Besitzer. Karies kommt dabei sogar, regional unterschiedlich, recht häufig vor, gehäuft in den Schmelzbechern an der Kaufläche der Oberkieferbackenzähne, aber auch an den Seitenflächen der Zähne.

Bei der Entstehung von Karies spielt die Fütterung eine große Rolle: Futtermittel, die an der Zahnoberfläche haften, wie zum Beispiel Brot oder Pellets, und auch säurehaltiges Obst oder Silage verändert den oberflächlichen pH-Wert der Zähne. Dies macht die Zahnsubstanz angreifbar für Kariesbakterien. Dennoch finden sich kariöse Zähne auch bei Pferden, die nur Heu gefüttert bekommen, wenn dies einen hohen Gehalt an leicht löslichen Kohlenhydraten (Zucker) enthält.

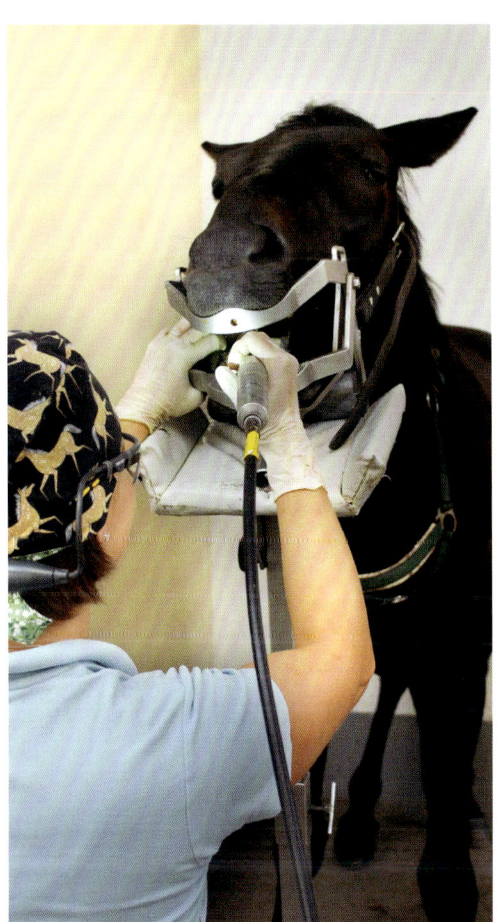

Stressfreie Zahnbehandlung am sedierten Pferd mit modernem, schonendem Equipment.

Die Karies zerfrisst den Zahn, macht ihn instabil und kann dazu führen, dass er bricht. Wie bei uns Menschen kann es zu einer „Wurzelentzündung“ kommen, einer sehr schmerzhaften Infektion des Zahnnervs. Nicht immer ist dies sicher bei der Untersuchung der Maulhöhle feststellbar, manchmal braucht es dazu weitere bildgebende Verfahren wie Röntgen oder CT (Computertomografie).

Eine Füllung von Kariesdefekten ist auch beim Pferd möglich, allerdings nicht immer praktikabel. Durch die lange Maulhöhle und die individuell aufgezweigten Zahnnerven und Schmelzbecher ist es technisch nicht immer möglich, eine stabile und ausreichende Füllung anzubringen. Stark kariöse Zähne können daher eine Zahnextraktion nötig machen.

Zahnextraktion

Ist es nötig, einen erkrankten Zahn zu ziehen, kann dies manchmal auch vor Ort im Stall erfolgen. Aufwendige Extraktionen werden am besten in einer Klinik vorgenommen.

Eine Vollnarkose ist nur noch selten nötig, meistens kann der Zahn am sedierten Pferd entfernt werden. Wie beim Menschen können dabei der Zahnnerv und die Schleimhaut betäubt werden, sodass das Pferd nur wenig davon spürt. Erkrankte Zähne, die entzündet sind oder sogar unter Eiter stehen, sind nicht nur sehr schmerzhaft, sie stellen auch einen permanenten Entzündungsherd dar. Des Weiteren kann dies auch zu einer Entzündung der Kieferhöhlen oder des -knochens führen. Deshalb sollten diese Zähne auch aus Tierschutzgründen unbedingt entfernt werden.

EOTRH

Die Abkürzung „EOTRH“ steht für „**E**quine **O**dontoclastic **T**ooth **R**esorption and **H**ypercementosis“. Odontoklasten sind knochenabbauende Zellen, es kommt also zum Abbau der Zähne, was sich am Röntgenbild wie „angeknabberte“ Zahnwurzeln darstellt. Als Hyperzementose wird eine Überproduktion an Zahnzement bezeichnet, was zu knolligen Auftreibungen im Wurzelbereich führt. Oft kommen die auflösenden Veränderungen vor, bevor sich Zubildungen zeigen. Meistens sind die Schneide- und Hengstzähne betroffen, manchmal auch die vorderen Backenzähne.

Diese sehr schmerzhafte Erkrankung kann sich an üblem Maulgeruch, vermehrter Speichelbildung, Kopfscheue, aber auch an Problemen beim Reiten mit Trensengebiss zeigen. Klappt man die Lippen hoch, kann man manchmal knollige Auftreibungen im Bereich des Zahnfleisches der Schneidezähne, Rötungen und „Pickel“ am Zahnfleisch erkennen. Manchmal sind die Zähne auch schon locker und das stark zurückgezogene Zahnfleisch lässt Zähne länger erscheinen.

Meist zeigt sich das Ausmaß der Erkrankung erst auf den Röntgenbildern, die unbedingt angefertigt werden sollten. Die genaue Ursache der EOTRH ist bis heute nicht geklärt. Eine Infektion mit bestimmten Bakterien lässt sich zwar nachweisen, wird jedoch nicht als alleinige Ursache angesehen. Die Veränderungen an den Zähnen bei einer

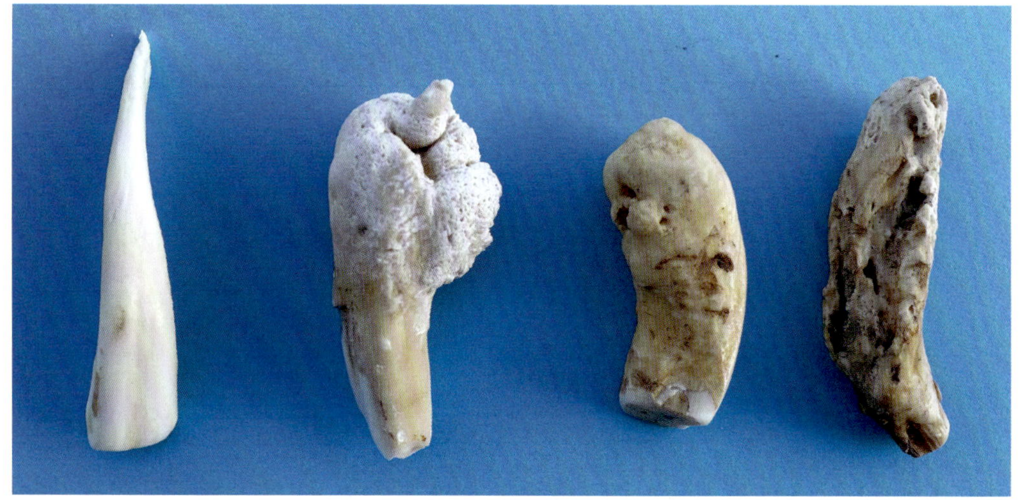

Von links nach rechts: normaler Schneidezahn, Schneidezahn mit Zementhyperplasie, Schneidezahn mit Zementhyperplasie und odontoklastischen Veränderungen, Hengstzahn mit hochgradigen odontoklastischen Veränderungen.

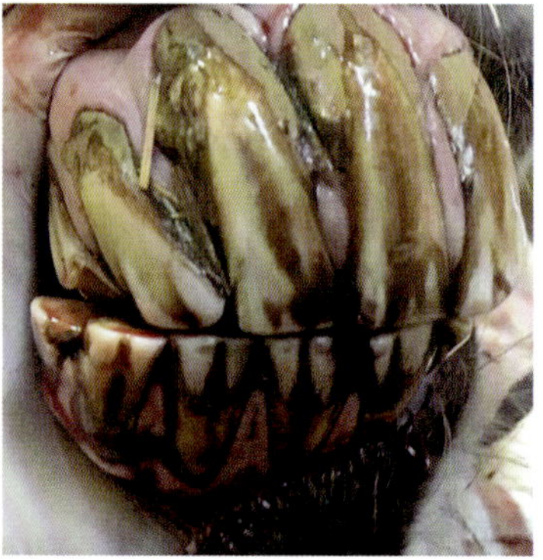

Deutliche EOTRH vor der Extraktion.

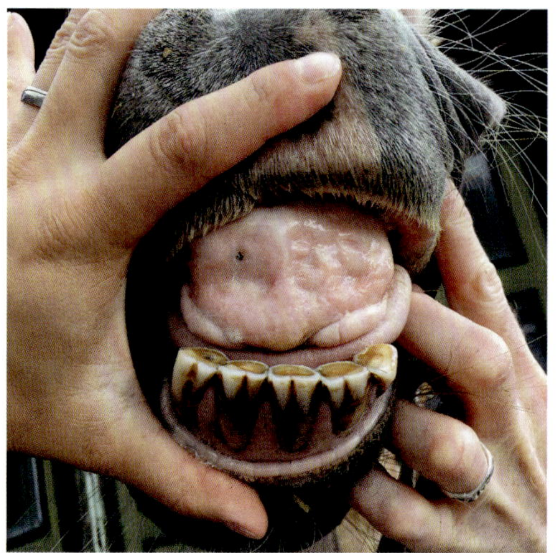

Fotos: Mag. Rezabek

Dasselbe Pferd nach abgeheiltem Kiefer nach der Zahnextraktion der oberen Schneidezähne.

EOTRH lassen sich nicht mehr rückgängig machen. Lässt der Zahnzustand dies noch zu, kann eine Druckreduzierung durch Kürzen der Zähne erfolgen. Laser- und Blutegeltherapie sowie die Zufütterung von Heilpilzen sind alternative Methoden, um das Fortschreiten der Erkrankung zu verlangsamen.

Sind die Zähne allerdings sehr schmerzhaft oder liegt eine eitrige Entzündung vor, ist dem Pferd mit der Extraktion der Schneidezähne am besten geholfen.

Fütterung von Pferden mit Zahnproblemen

Bei der Zahnkontrolle kann der Zustand der Zähne beurteilt und die Fütterung daran angepasst werden. Stark abgenützte Zähne weisen eine recht glatte Oberfläche auf und sind durch den fehlenden Halt im Zahnfach zum Zermahlen des Heus nur noch bedingt geeignet. Raufutter mit weicherer Struktur, wie zum Beispiel Gras, Heulage oder sehr feinstängeliges Heu, kann oft noch besser gefressen werden. Dennoch benötigt ein Pferd mit stark abgenützten Zähnen gerade im Winter oft eine Ergänzung der Ration durch eingeweichte Heucobs. Die Menge der Heucobs richtet sich nach dem Futterzustand und auch nach der Fähigkeit, Raufutter mahlen zu können. Durch die kaum

Fotos: Mag. Rezabek

Heucobs im Größenvergleich, trocken und aufgelöst.

mehr vorhandene Mahlfähigkeit dürfen diese in keinem Fall trocken verfüttert werden. Diese Mengen sollten auf möglichst viele Portionen täglich aufgeteilt werden. Außerdem braucht das Pferd Zeit und Ruhe, um fressen zu können.

Daher ist eine Gruppenhaltung im Offenstall manchmal problematisch. Als Alternative bietet sich an, das alte Pferd nachts zu separieren und auch tagsüber eine Extraportion anzubieten.

Werden Heucobs nicht gern gefressen, kann ein Teil mit Rübenschnitzeln, Mash oder Apfel-/Karottensaft ergänzt werden, um den Geschmack zu verbessern. Auch ein Wechsel des Herstellers und eine etwas flüssigere oder breiigere Konsistenz kann helfen.

Auch Obst und Gemüse kann eine Gefahr für zahnkranke alte Pferde darstellen, wenn diese nicht mehr gekaut werden können. Im Ganzen oder in gröberen Stücken abgeschluckt, kann auch die liebevoll aufgeschnittene Karotte zu einer Schlundverstopfung führen. Dies ist besonders fatal, da solche Stücke sich nicht bei der Behandlung mit der Nasenschlundsonde auflösen lassen und sogar eine chirurgische Entfernung nötig machen können.

Daher sollten Äpfel, Karotten und Co. im Alter, wenn überhaupt, nur noch gerieben oder mit dem Mixer zerkleinert verfüttert werden. Die Fruchtsäure im Obst kann zudem Karies und andere Zahnerkrankungen begünstigen, weswegen die Fütterung von Obst hinterfragt werden sollte. Insbesondere nach Schlundverstopfungen sollte eine gründliche Zahnkontrolle durchgeführt werden, um eine fehlende Kaufunktion als Ursache ausschließen zu können. Auch die Fresshaltung soll dem Gesundheitszustand des Pferdes angepasst werden. Schmerzen durch Halswirbelsäulenarthrose können das Fressen vom Boden aus erschweren. Ein etwas erhöhter Trog oder ein grobmaschiges Heunetz kann für den Senior von Vorteil sein.

Übergewichtige ältere Pferde können als Diätmaßnahme einen Maulkorb auf der Weide tragen. Jedoch sollte der Einsatz gut überlegt und zeitlich beschränkt werden, da es nicht nur zu einer Benachteiligung sozialer Interaktionen kommen kann, sondern auch zu einer übermäßigen Abnützung der Schneidezähne bis hin zur Zahnentzündung. Werden Maulkörbe verwendet, ist auf ein flexibles Material mit weichen Einlagen für die Schneidezähne zu achten.

Eine Zahnbehandlung ist mehr als nur das Abschleifen scharfer Zahnspitzen – sie ist in erster Linie die Vorbeugung und frühzeitige Feststellung und Behandlung von Problemen.

Wenn Sie mehr über Pferdezähne erfahren möchten, schauen Sie gern auf der Homepage der IGFP nach: **www.igfp.eu.** Dort gibt es auch eine Suchfunktion, mit der Sie einen Pferdedentalpraktiker in Ihrer Nähe finden können.

Pferdesenioren im Offenstall

Haltung & Management

von Dr. Tanja Romanazzi

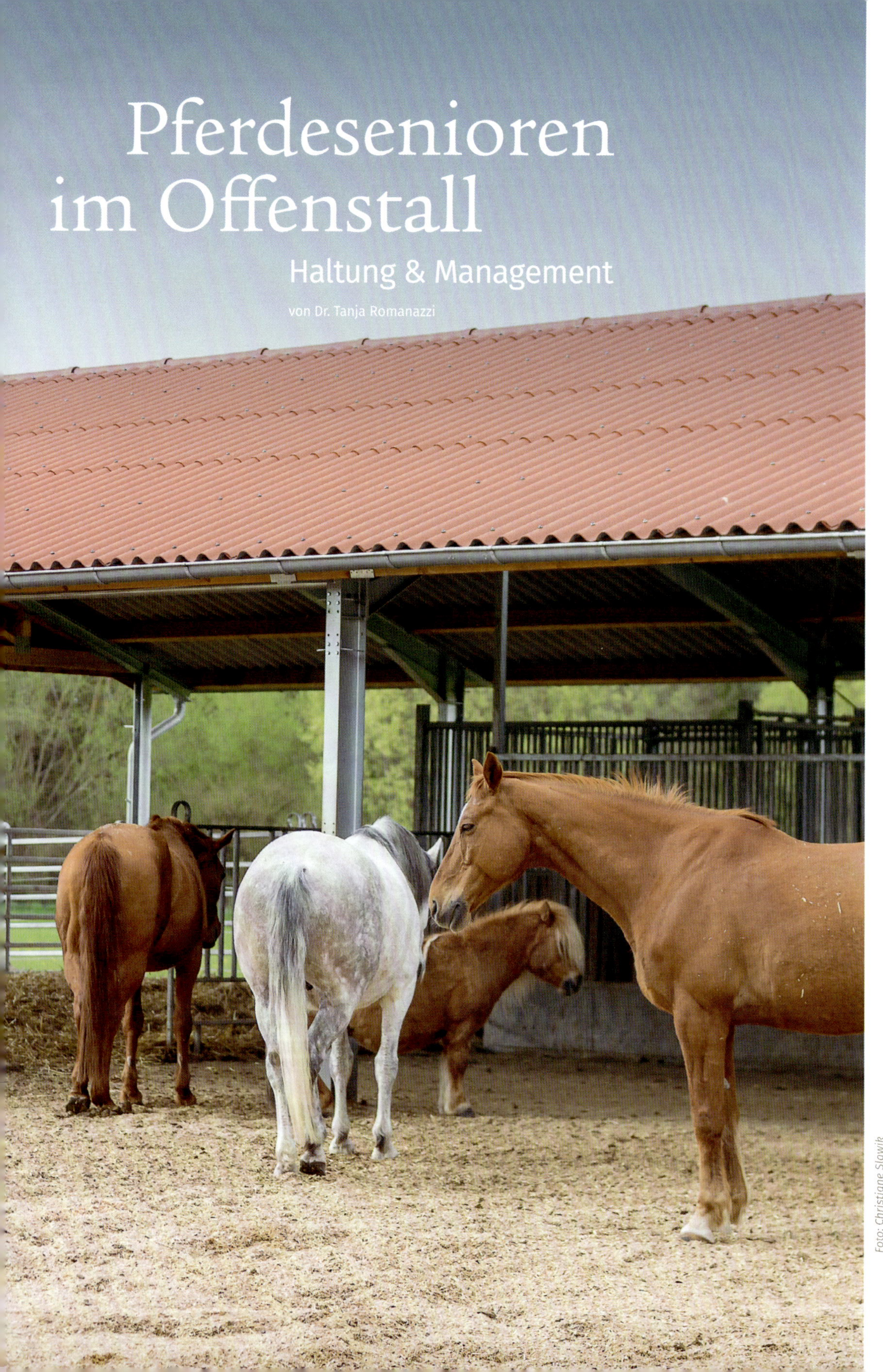

Foto: Christiane Slawik

Wenn Pferde älter werden, kristallisieren sich bei den Senioren Vorlieben heraus – gerade was die Haltung anbelangt. Hier kann der Umzug in einen anderen Stall, vielleicht gar in einen Offenstall, zum Hasardspiel werden. Denn was wäre, wenn das ältere Pferd sich nicht in die Herde einfügen kann? Oder wenn es nachts seine geschützte Box so sehr vermisst? Gerade ältere Pferde können sehr eigen sein, und darauf sollte man achten.

„Mein Pferd ist schon 24 Jahre alt. Kann ich es trotzdem in einem Offenstall unterbringen?" Solche Fragen kann man nicht einfach mit Ja oder Nein beantworten. Es ist immer eine Einzelfallentscheidung. Auf Gut Heinrichshof gibt es sechs größere Offenställe mit insgesamt über 75 Pferden. Manche Pferdesenioren kommen wunderbar zurecht, andere brauchen Wochen und Monate, um sich einzufinden. Es gibt aber auch Pferde, für die ein Umzug in den Offenstall nicht bewältigbar ist, da sie ihr Leben lang in einer Box gehalten wurden und diese Gewohnheit für sie auch Sicherheit bedeutet. Jedes Pferd ist individuell verschieden und dementsprechend schwierig oder einfach kann eine Eingewöhnung sein. Da war zum Beispiel *Pirat,* ein älterer Wallach in der reinen Wallachgruppe. An Tagen, an denen es ihm nicht ganz so gut ging, stand er mit den anderen älteren Kollegen im Schatten und hat den Jungen beim Spielen zugesehen. Und an besseren Tagen hat er voll mitgemischt und ist mit den Vier- und Fünfjährigen im Paddock umhergesaust. Er hat sich bis zum Schluss (27 Jahre) in seiner Herde pudelwohl gefühlt.

Ein anderes Beispiel ist die Stute *Gaily,* die mit 24 Jahren in eine neue Herde einsortiert werden sollte. Dieses hat nicht gut geklappt. Die anderen haben sie zwar angemessen in Ruhe gelassen. Durch die Struktur des Offenstalls mit 24 Stunden Heufütterung und ausreichender Anzahl an Fressplätzen konnte sie auch in Ruhe Heu fressen.

Foto: Dr. Tanja Romanazzi

Während die jungen Wallache spielen, döst der ältere Wallach im Morgengrauen.

Foto: Christiane Slawik

Wenn andere Pferde aus der Herde den Senior bewachen, kann auch ein älteres Pferd ruhig schlafen.

Dennoch wurde sie nicht mehr richtig integriert, sie lebte quasi neben der Herde her. Als dann noch Zahnprobleme hinzukamen, wurde sie wieder aus der Herde herausgenommen.

Und ein drittes Beispiel ist die Stute *Style In*. Sie stand zunächst in einer gemischten Herde mit vielen jüngeren Pferden, in der das Heu über automatische Heudosierer gefüttert wurde. In diesem Offenstall kam sie nicht gut zurecht. Sie stand immer viele Stunden in so einer Station, hat dort quasi stehend übernachtet, vermutlich um sich ausreichend sicher zu fühlen und ihre Ruhe zu haben. Diese Stute haben wir dann umgestellt in einen anderen Offenstall mit freier Ad-libitum-Heufütterung. In dieser Gruppe waren weniger Pferde und auch mehrere Senioren. Hier hat sie sich sehr wohlgefühlt, war gut integriert und hat sich bis zuletzt (28 Jahre) auch regelmäßig zum Schlafen hingelegt.

Glückliche Pferderentner im Offenstall

Bei der Entscheidung, ob ein älteres Pferd in einem Offenstall gehalten werden kann, spielen folgende Punkte eine Rolle:

Die Zusammensetzung der Herde

Wie harmonisch ist die Herde? Gibt es einen funktionierenden Chefwallach? Gibt es eine Leitstute? Leben die Pferde friedlich zusammen oder gibt es viele aggressive Interaktionen? Wie ist die Altersstruktur der Herde? Gibt es noch andere Pferdesenioren?

Je besser und harmonischer eine Herde „funktioniert“, umso leichter hat es ein neues Pferd. Für einen Pferderentner finde ich es zudem wünschenswert, dass es nicht das einzige ältere Pferd ist. Es sollte auch die Möglichkeit haben, Kumpel mit ähnlichen Bedürfnissen um sich zu haben.

Funktionalität und Management

Für jeden Offenstall ist es von großer Bedeutung, dass alle Pferde in Ruhe fressen und liegen können. Man sollte sich also fragen, ob auch das rangniedrigste Pferd entspannt eine ausreichende Menge Heu fressen kann und ob sich alle Pferde regelmäßig hinlegen. Es ist leider ein großes und oft unbemerktes Problem der Offenstallhaltung, dass sich einige Pferde aufgrund zu geringen Platzangebots oder einer schlechten Strukturierung mit fehlenden Rückzugsmöglichkeiten nicht mehr hinlegen. Besonders bei älteren Pferden, die meistens in der Rangfolge weiter hinten zu finden sind, sollte man darauf das größte Augenmerk haben.

Die Herdenerfahrungen

Stand das Pferd bereits viele Jahre im Offenstall oder war es immer in einer Box? Hat es ausreichend Erfahrung in der Kommunikation mit anderen Pferden oder hatte es jahrelang nur einen Weidekollegen?

Foto: Christiane Slawik

Da ältere Pferde in der Rangordnung oft niedrig sind und eher zum Schluss fressen, sollte immer genug Heu für sie zur Verfügung stehen.

Wenn man einem Pferd erst im hohen Alter eine artgerechte Haltung ermöglichen möchte, dann tut man ihm manchmal keinen Gefallen mehr damit. Jedes Pferd profitiert auch im Alter von einer freien Haltung mit viel Bewegung. Das Problem ist jedoch oft das Zusammenleben mit mehreren anderen Pferden auf dem begrenzten Platz. Wenn das Pferd sein ganzes Leben in Einzelhaft verbracht hat, ist diese Umstellung oft nicht mehr möglich. Aber auch hier gibt es Ausnahmen.

Der gesundheitliche Zustand des Pferdes

Die erste Voraussetzung ist, dass es sich zumindest im Schritt schmerzfrei bewegen kann. In einem guten Offenstall sind die verschiedenen Bereiche (Heufütterung, Tränke, Unterstand) möglichst weit voneinander getrennt und es muss für den Pferderentner problemlos möglich sein, alles abzulaufen.

Wenn das ältere Pferd neu in eine Herde integriert werden soll, ist zudem eine gewisse Fitness wünschenswert, um kleine Rangstreitigkeiten mitmachen zu können. Der Rentner muss noch so rüstig sein, dass die anderen Pferde ihn in die Herde integrieren. Ist das neue Pferd gesundheitlich zu angeschlagen, dann wird die Herde es aus Sicherheitsgründen nicht mehr aufnehmen. Jedes schwache Tier erhöht in der Wildnis die Angreifbarkeit der Herde.

Wenn ein Pferd in einer Herde alt werden darf, dann kann man bei den Anforderungen an die Gesundheit etwas großzügiger sein. Bis zu einem bestimmten Punkt wird es trotzdem seinen Platz in der Herde behalten. Kommt es jedoch dazu, dass die Kollegen den Pferderentner aussortieren, ist auch meist der Zeitpunkt gekommen, zu dem man ihn erlösen sollte.

Vorteile für die „Oldies"

Wenn die Bedingungen stimmen, dann bringt eine Offenstallhaltung viele gesundheitliche Vorteile. Und dies ist bei älteren Pferden, bei denen es in der Regel die eine oder andere Vorerkrankung oder gesundheitliche Schwachstelle gibt, besonders hilfreich.

Die Darmtätigkeit wird durch die gleichmäßige Bewegung unterstützt. Strohfressen aus Langeweile, wie man es oft bei der Boxenhaltung erlebt, findet nicht statt. Koliken kommen daher in guten Offenställen fast nicht vor.

Foto: Christiane Slawik

Gerade ältere Pferde mit Arthrose profitieren sehr von gleichmäßiger Bewegung im Offenstall.

Foto: Christiane Slawik

Ältere Pferde vermitteln durch ihre Lebenserfahrung den Jungen ein Gefühl der Sicherheit.

Lungenprobleme werden im Offenstall (bei ausreichend guter Heuqualität) fast immer besser. Zum einen sind die Pferde durchgehend an der frischen Luft und müssen nicht mit schlechten Luftverhältnissen im Boxenstall kämpfen. (Waren Sie schon einmal morgens als Erster in einem geschlossenen Boxenstall, bevor jemand die Tür öffnet?) Zum anderen führt die regelmäßige Bewegung zu einer besseren Durchlüftung der Lunge.

Und am meisten profitiert der Bewegungsapparat von der Offenstallhaltung. Es heißt nicht umsonst: „Wer rastet, der rostet." Ständige Bewegung fördert die Gesunderhaltung von Sehnen und Gelenken und es verhindert das Problem der „angelaufenen Beine". Es ist noch einmal ein riesengroßer Unterschied, ob ein Pferd „den ganzen Tag" auf die Weide darf (sind in der Regel nicht mehr als acht Stunden) und die restliche Zeit in der Box steht oder ob es sich 24 Stunden pro Tag frei bewegen kann. Die Senioren im Offenstall werden in der Regel wieder viel lebendiger und beweglicher.

Und nicht zu vergessen sind die Vorteile für die Besitzer. Wir haben unseren ersten Offenstall gebaut, weil mehrere Einsteller ältere Pferde hatten und eine Variante gesucht haben, bei der sie diese Pferde nicht mehr jeden Tag bewegen müssen. Ältere Pferde können oft nicht mehr die gewünschte Leistung bringen. Mit dem Reiten sieht es daher nicht mehr so gut aus. In einem Offenstall kann sich das Pferd nach seinen eigenen Möglichkeiten selbst bewegen.

Ältere Pferde sind zudem ein Gewinn für jede Herde. Und man kann schön beobachten, dass eine gute Offenstallhaltung auch für die Senioren psychische Vorteile bringt. Sie haben eine „Familie", sie haben einen festen Platz in der Herde, werden gebraucht und dadurch jung gehalten.

Was tun bei gesundheitlichen Problemen?

Wenn sich ein älteres Pferd nicht mehr schmerzfrei im Schritt im Offenstall bewegen kann, dann besteht Handlungsbedarf. Einige Besitzer möchten ihr Pferd dann in einer Box halten. Für mich persönlich ist das keine Option. Wenn ein Pferd nicht mehr in der Lage ist, sich artgerecht zu bewegen und zu leben, dann ist aus meiner Sicht der Zeitpunkt gekommen, es einzuschläfern.

Daneben gibt es jedoch auch andere gesundheitliche Probleme, die prinzipiell das Offenstallleben nicht behindern, jedoch eine Sonderbehandlung erfordern. Das sind zum Beispiel Zahnprobleme. Ältere Pferde sind manchmal nicht mehr in der Lage, Heu ausreichend zu zerkauen. Im fortgeschrittenen Stadium wird das Heufressen manchmal sogar ganz eingestellt. Wenn man solchen Pferden ein Weiterleben im Offenstall ermöglichen möchte, muss man in größerem Ausmaß angemessen zufüttern. Hier gilt es, eine Lösung zu finden, wie man mit vertretbarem Zeitaufwand eine ausreichende Menge eingeweichter Heucobs reichen kann. Gut funktionieren abgetrennte Bereiche mit Einbahntoren. Man muss das Pferd dann nur in diesen Bereich hineinführen und das Futter bereitstellen. Die Pferde können in Ruhe fressen und den Bereich selbstständig wieder verlassen. Ein anderes Problem kann sich ergeben, wenn der Stoffwechsel der alten Pferde nicht mehr so optimal funktioniert und die Wärmeproduktion bei schwierigen Wetterverhältnissen nicht mehr ausreicht. Hier kann es im Einzelfall hilfreich sein, mit einer angemessenen Decke zu unterstützen.

Die Antwort auf die Frage „Ist der Offenstall für Pferdesenioren die ideale Lösung?" lautet also: Man muss die Bedingungen des Offenstalls, die infrage kommende Herde und den Gesundheitszustand des Pferderentners kritisch betrachten. Wenn „alles passt", dann ist die Offenstallhaltung auch, beziehungsweise gerade, für ältere Pferde wunderbar geeignet und man kann die Lebensqualität damit deutlich steigern.

Foto: privat

Kann ein Senior seinen Platz in der Herde nicht mehr halten, wird er meistens von den anderen Mitgliedern aussortiert.

Bewegung von Anfang an

Was braucht ein altes Pferd, um fit zu bleiben?

von Barbara Welter-Böller

Foto: Christiane Slawik

Wer sein Pferd liebt, wird versuchen, es von Anfang an gesund zu trainieren. Denn Bewegung ist das Um und Auf, damit der vierbeinige Liebling fit seinen Lebensabend verbringen kann. Vielen Turnierpferden sieht man ihr Alter nicht an, wenn sie in ihrer Jugend- und Aktivzeit verantwortungsvoll trainiert wurden. Doch auch im Freizeitbereich wünscht man sich ein fittes Pferd bis ins hohe Alter. Dazu sollte man wissen, dass stetige Bewegung als Prävention vor schweren Erkrankungen im Alter gilt. Alte Pferde können aber auch durch tägliches Training bewusst gesund erhalten werden und durch die Bewegung werden sie zusätzlich geistig gefördert.

Aus meiner Erfahrung altern Pferde, wie Menschen, nicht linear, sondern eher schubweise in acht Jahresschritten. Ein achtjähriges Pferd ist ein junges Pferd, bis 16 Jahren ein erwachsenes, ab dann beginnt der Alterungsprozess, oft schon deutlich sichtbar in der Exterieurveränderung und im Bewegungsablauf. Das Pferd zeigt eine Tendenz zum Senkrücken, seine Muskulatur baut ohne das tägliche Training schneller ab und seine Gänge werden unelastischer. Zudem braucht es mehr Zeit, um sich einzulaufen, und ermüdet schneller. Ein orthopädisch gesundes Pferd ist in dieser Zeit, zumindest bis zu seinem 20. Lebensjahr, aber noch gut einsetzbar und mit seiner Lebenserfahrung ein wunderbares Lehrpferd. Gerade in der Kavallerie wurden diese Pferde, die mit 17 Jahren aus dem aktiven Dienst genommen und in den Schulen eingesetzt wurden, hochgeschätzt. Es ist überliefert, dass Charles der Achte in der Schlacht bei Fornovo am 6. Juli 1495 sein Leben einem 20-jährigen Pferd ohne Pedigree anvertraute, das zudem auch noch auf einem Auge blind war. Es zeigte im Kampf unvorstellbaren Mut und Einsatzbereitschaft und musste danach bis an sein Lebensende keine Arbeit mehr verrichten. Die Schwester des Königs sorgte bis zum Schluss für die beste Versorgung.

Ab 24 Jahren beginnt das Alter und kann, je nach Rasse und Pflege, bis zu 40 Jahren dauern. Aber auch in dieser Zeit ist eine Nutzung mit Rücksicht auf das Alter möglich. Es gibt hierzu eine beeindruckende Überlieferung: In der Zeit um 1500 wollte ein neapolitanischer Adliger den Vizekönig Frankreichs in seinem Kampf gegen die spanische Armee unterstützen. Da er unberitten war, erhielt er großzügigerweise die Erlaubnis des Prinzen von Melfi, sich eines der besten Pferde aus dessen Stall auszusuchen. Er wählte ein 27-jähriges Pferd, das überwiegend im Gestüt gestanden hatte, und beharrte trotz vieler Überredungsversuche auf seiner Entscheidung. In der Schlacht bewies sich das Pferd trotz vieler Verwundungen auf so beeindruckende Weise, „... dass die Namen von Pferd und Reiter es verdient haben, in der Welt und bis in die fünfte Sphäre hinein zu triumphieren“ (Federico Grisone, 1520). Was aber können wir tun, damit unser altes Pferd leistungsfähig bleibt und sein Leben noch genießen kann?

Muskulatur- und Faszienveränderungen im Alter

Muskulatur und vor allen Dingen die Faszien verändern sich im Alterungsprozess. Im Alter lässt der Flüssigkeitsgehalt im Fasziengewebe nach und es enthält weniger Zwischenzellsubstanz. Die festen Kollagenfaseranteile nehmen zu. Das bedeutet: Die Faszien werden fester, ihre Gleitfähigkeit und ihre Elastizität nehmen ab. In der Jugend zeigen

„Wer sich nicht bewegt, verklebt."

Robert Schleip, 2013

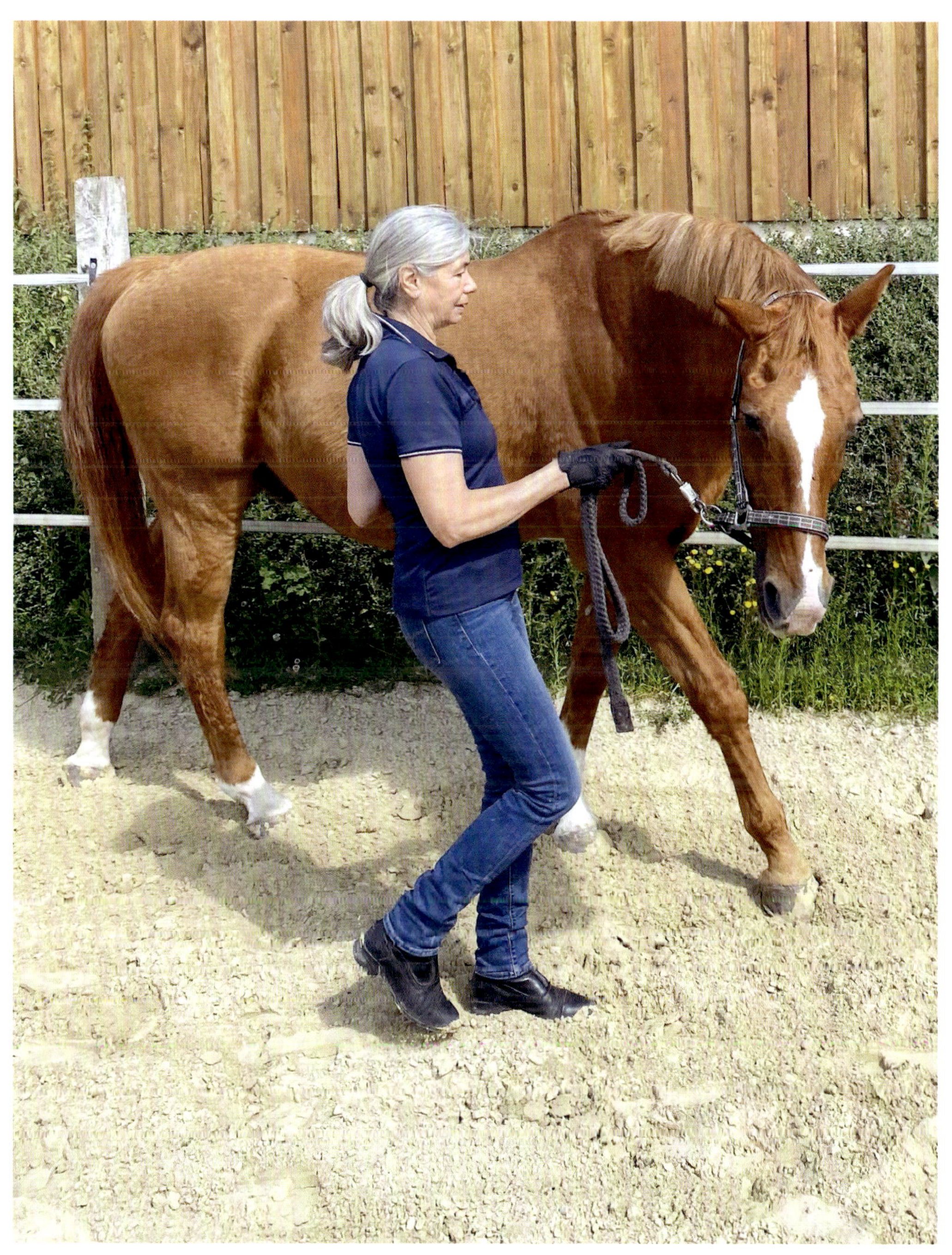

Foto: Barbara Welter-Böller

Längsbiegung und Seitengänge erhalten die Mobilität der Gelenke und die Dehnfähigkeit der Faszien und der Muskultur.

die Muskelfaszien ein klares Scherengittermuster auf. Zudem verlaufen die rautenförmigen Fasern in kleinen Wellenlinien, sodass eine Dehnungskapazität gegeben ist.

Bei den älteren Pferden sieht diese Anordnung eher verfilzt aus, die Faszienenden sind hier miteinander verklebt, Elastizität und Dehnfähigkeit sind eingeschränkt. Beim Menschen kann man die Faszienverklebungen in der Weise sehen, wie sie sich bücken. Im Alter wirkt es ungelenk und steif, es gelingt nur noch mit gebeugten Knien. Man kann die Arme nicht mehr ganz nach oben recken oder den Kopf weniger drehen.

Durch die mangelnde Elastizität wird der Druck der Faszien auf die Muskulatur und die Organe erhöht und so verschlechtert sich die gesamte Stoffwechsellage.

Die Produktion des Fibronektins, das sind bestimmte Zellen in den Faszien, die wie Klebstoff wirken, steigt im Alter. Dadurch verkleben und verfilzen die Faszien. Wenn dies mit der weniger werdenden Bewegung zusammentrifft, entsteht ein Wechselspiel und die Elastizität nimmt so immer weiter ab. Als Konsequenz verdickt sich die Zwischenzellsubstanz, es bilden sich Stoffwechselschlacken, der Alterungsprozess beschleunigt sich und Krankheit kann sich ansiedeln. Der alternde Körper baut Muskeln ab. Durch die verfilzten Faszien kann der Körper seine Statik und Haltung aber energieeffizient erhalten. Das alte Pferd kann durch Zahnprobleme und Stoffwechselverlangsamung, die im Fellwechsel augenscheinlich wird, nicht mehr genug Energie zur Versorgung der Muskelkraft bereitstellen. Mit den verfilzten Faszien kann es aber mit weniger Energie seine Statik und seine Bewegung erhalten. Die alten Pferde werden immer knochiger, die Muskulatur schwindet, aber sie sind stabil.

Um diese Verfilzung und das Versteifen hinauszuzögern und den Muskel und damit die Geschmeidigkeit und Gesundheit des alternden Pferdes zu erhalten, ist zur Prävention deswegen vielseitige Bewegung von größter Wichtigkeit.

Hier bewahrheitet sich der Ausspruch Andrew Taylor Stills, des Begründers der Osteopathie, dass Bewegung Leben bedeutet. Gerade das alte Pferd braucht gezielte Bewegungsreize, mindestens dreimal in der Woche.

Die Wolff'sche Regel beim Training:

Überforderung – schadet.
Unterforderung – bringt keinen Erfolg.
Adäquate Belastung – ist erwünscht.

Wie kann man ein Pferd bestmöglich trainieren, das nicht mehr geritten werden kann? Wenn die Bauchmuskulatur des Pferdes nachlässt, die man reiterlich nicht mehr erhalten kann, kann man sie während des Bewegens durch Tapes stimulieren. So wird der Rücken von unten gestützt, die Bauchmuskulatur wird erhalten und die Schwingungen im Rücken bleiben elastischer.

Wenn die Bauch- und Rückenmuskulatur abnimmt, hängt die Wirbelsäule vermehrt an dem Übergang zwischen Lendenwirbelsäule und Kreuzbein. Um diesen konstanten Zug zu mildern, kann man immer mal während der Bewegung oder auch im Stall das Kreuzbein mit einer Tapeanlage etwas aufrichten, um so den Zug umzukehren und den Übergang zu entspannen.

Eine wohltuende und über das Kontinuum des Fasziensystems weitreichende Wirkung ist das Striegeln des Pferdes. Es ist auch eine wunderbare Vorbereitung für die Gymnastik und die Bewegungstherapie und verbessert die Körperwahrnehmung. Medizinisch gesehen ist das Striegeln des Pferdes die Behandlung der oberflächlichen Faszien. Hierbei sprechen wir vor allem durch die langsamen kreisenden und drückenden Bewegungen die in den Faszien befindlichen Ruffini-Körperchen an. Diese Rezeptoren reagieren auf langsame Reize, Druck auf großer Fläche mit tangentialen Scherkräften und langsamen Dehnungen. Ihr Ansprechen bewirkt eine Entspannung der Faszien durch die Senkung der Sympathikusaktivität. Man kennt den Effekt vielleicht selbst bei einer entspannenden Massage mit Querdehnungen oder beim Stretching. Die positiven Effekte der Tellington TTouches sind durch ihre zum Teil tangentiale Ausführung so nachvollziehbar. Die Faszien reagieren mit Entspannung und verbesserter Elastizität. Zudem kann man durch das Striegeln Schmerzen lösen.

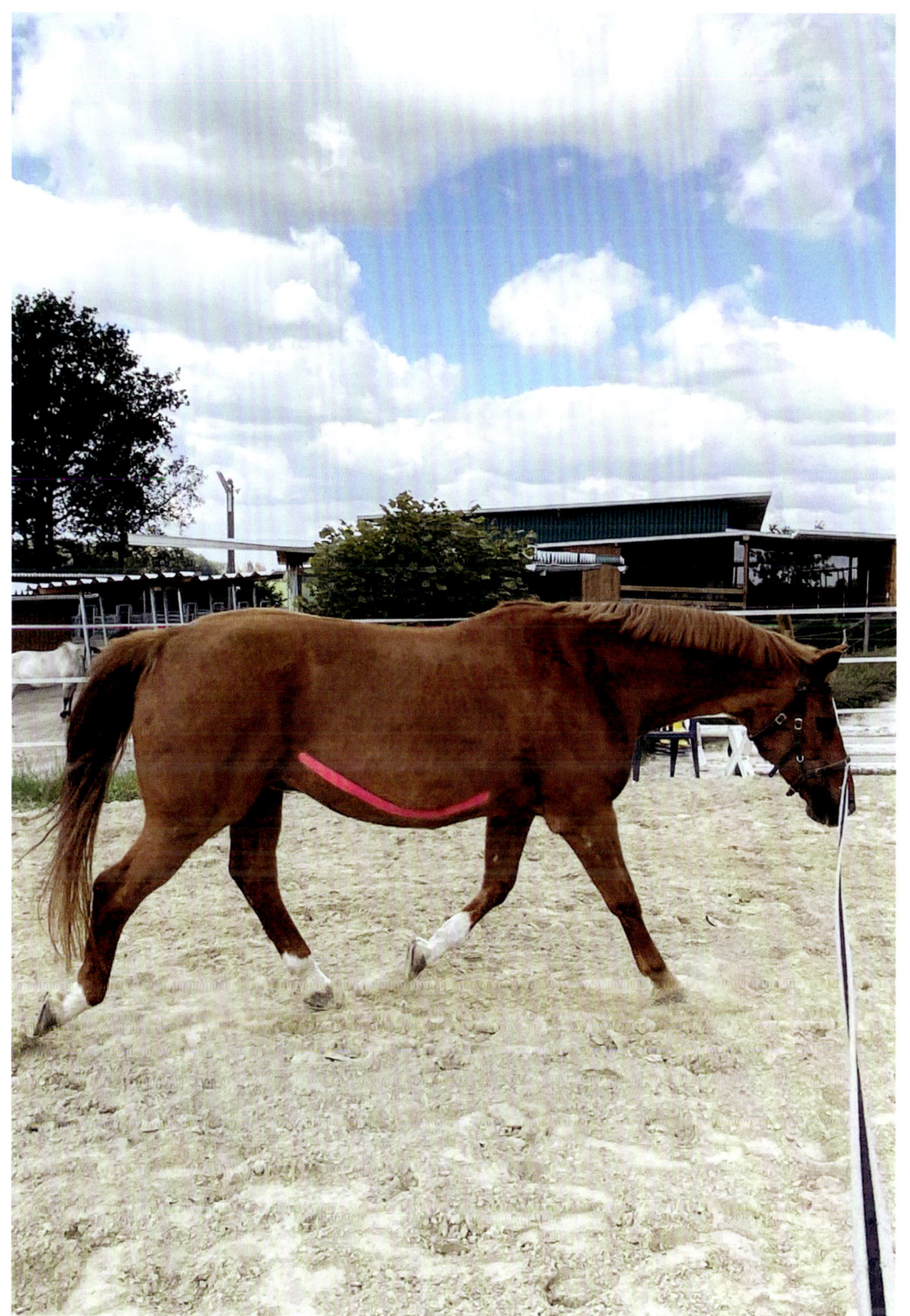

Foto: Barbara W[illegible]er-Bö[illegible]er

Das Tape stimuliert den langen geraden Bauchmuskel und stützt den Rücken von unten.

Das „WDR-Programm“

In den Faszien gibt es spezielle Neuronen, die „**W**ide **D**ynamic **R**ange“-Neuronen. Diese WDR-Neuronen können entweder Schmerz oder, bei niederschwelliger Reizung, zum Beispiel durch das Striegeln, mechanische Reize senden. Bewegt sich der Körper oder bekommt er niederschwellige mechanische Reize, wie beim Putzen, so kann sich durch die Stimulation der WDR-Neuronen die Schmerzwahrnehmung ändern. Der Schmerzrezeptor schaltet um zu einem Mechanorezeptor. Das erklärt, warum Bewegungen oder sanfte Massagen Schmerzen lindern können. So kann man auch die schmerzlindernde Wirkung von Tapes und sogar Pflastern erklären. Oder auch unser reflektorisches Reiben an einer schmerzhaften Stelle, zum Beispiel wenn wir uns irgendwo gestoßen haben. Bei den Pferden ist es oft das Scheuern des Kopfes am Vorderbein, wenn man das Zaumzeug abnimmt. Viele kennen es selbst, vielleicht morgens das mühsame Aufstehen aus dem Bett, und nach ein paar Minuten des Einlaufens geht es schon deutlich besser. Man kann das auch bei den Pferden beobachten, die lange in der Box gestanden haben. Die ersten Schritte sind etwas steif, dann laufen sie sich ein.

Gönnen Sie Ihrem Pferd durch sensibles, ruhiges Striegeln das WDR-Programm. Zudem wird durch den Druck die Faszienflüssigkeit mobilisiert und ausgedrückt, es können Stoffwechselschlacken abtransportiert werden. In das behandelte Gebiet fließt neue, frische Flüssigkeit nach, der sogenannte Refill, und so verbessert sich dort die Stoffwechsellage. Und die Bewegung des Pferdes wird von Beginn an schon elastischer sein.

Für das alte Pferd ist es meiner Meinung nach von immenser Wichtigkeit, dass diese Pferde so mobil bleiben, dass sie sich zum Ruhen hinlegen können. Ansonsten kann das alte Pferd in seinen Gelenken, ob Vorderbein oder Hinterbein, sowie in seiner Wirbelsäule durch fehlende Entlastung nicht regenerieren. Dazu braucht es unbedingt die Mobilität am Vorderbein der Fesselgelenke in Beugung zum Abstützen. Die volle Beugefähigkeit im Vorderfußwurzelgelenk ist unabdingbar zum Ablegen. Aber auch für eine korrekte Hufbearbeitung ist die Beugung dieses Gelenks sehr wichtig. Ich habe schon öfter bei alten Pferden gesehen, dass der Hufbearbeiter, auch auf Kosten seines eigenen Rückens, den Huf fast am Boden bearbeiten musste. Es reicht, wenn man als Betreuer des Pferdes zweimal in der Woche das Vorderfußwurzelgelenk sanft circa sechsmal anbeugt, damit die Beweglichkeit erhalten bleibt. Die gebeugte Stellung sollte man zehn Sekunden halten, so werden die Gelenkkapseln und die Weichteile genügend nachhaltig gedehnt.

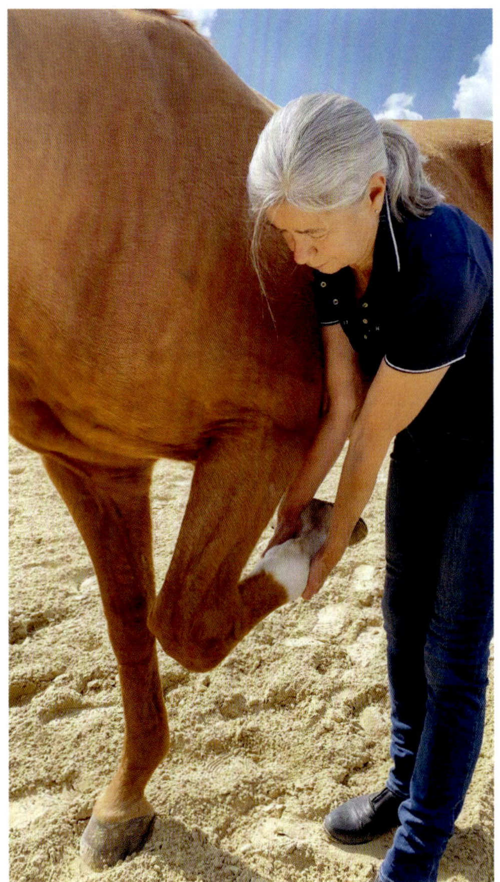

Foto: Barbara Welter-Böller

Die Erhaltung der Beugefähigkeit der Vorderfußwurzelgelenke ist von immenser Wichtigkeit, damit sich das alte Pferd noch hinlegen kann.

Aber auch das Schultergelenk und die Bewegung des Schulterblatts müssen zum Aufstehen genügend nach vorn gestreckt werden können. Diese Mobilität kann man durch das Erarbeiten des Spanischen Schrittes erhalten. Auch diese Übung sollte zum Mobilitätserhalt zweimal in der Woche mit jeder Vorhand drei- bis viermal wiederholt werden.

Wenn das Pferd den Spanischen Schritt nicht erlernt hat oder nicht versteht, kann man diese Dehnung auch passiv machen. Hierbei ist es aber wichtig, dass man das Vorderbein nicht nach vorn zieht, denn so bringt man das Pferd aus dem Gleichgewicht und das Pferd spannt dagegen oder zieht das Bein zurück. Das gestreckte Pferdebein muss gefühlvoll nach oben angehoben werden, und es reicht, wenn es 45–50 % sind. Das Bein muss dabei aus der Schulter gerade angehoben werden, es darf dabei nicht nach außen oder innen gezogen werden. Diese Stellung sollte auch wieder über zehn Sekunden gehalten werden und je Vorderbein dreimal wiederholt werden.

Foto: Barbara Welter-Böller

Mit dieser Übung kann man die Streckfähigkeit des Vorderbeins passiv erhalten.

Das Wälzen ist eine durch kein anderes Mittel zu erreichende Ganzkörpermobilisierung, selbst das genussvolle Schütteln danach.

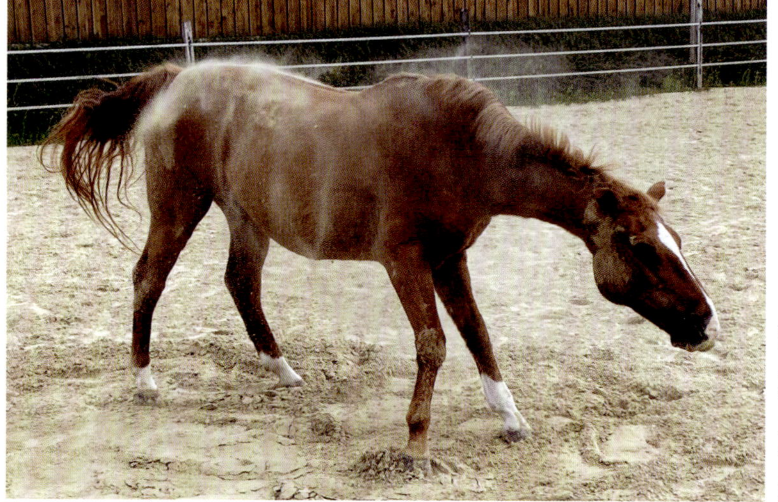

Fotos: Barbara Welter-Böller

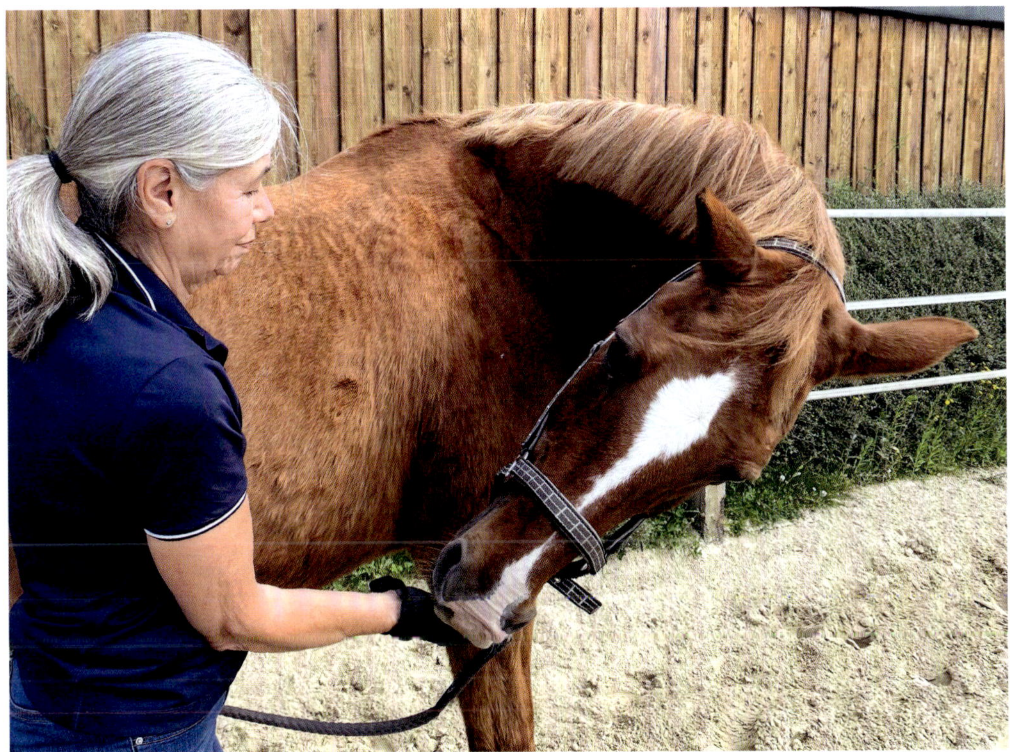

Foto: Barbara Welter-Böller

Auch die Mobilität der Halswirbelsäule in alle Richtungen sollte bestmöglich erhalten bleiben. Hierbei helfen einfache Übungen mit Leckerchen, die auch zweimal in der Woche, mit je drei Wiederholungen in jede Richtung, durchgeführt werden sollten. Wichtig ist, die mögliche endgradige Bewegung zehn Sekunden zu halten, um die Strukturen nachhaltig zu dehnen.

Was braucht ein Pferd, damit es sich hinlegen kann?

Für das Ablegen des Vorderbeins ist die Flexibilität der Fessel-Vorderfußwurzel- und Ellenbogengelenke erforderlich, für das Aufstehen die Streckung und Dehnfähigkeit der Sehnen des Vorderbeins und die Kraft des langen Rückenmuskels, des *M. latissimus dorsi,* um den Rumpf an die Beine heranzuziehen. Am Hinterbein müssen Hüfte, Knie und Tarsalgelenke flexibel sein und für das Aufstehen genug Kraft haben, um den Körper hochzustützen.

Das Wälzen

Eine solche ganzheitliche Wirkung wie beim Wälzen kann auch der beste Physiotherapeut oder Osteopath nicht erreichen. Hierzu benötigt das Pferd größtmögliche Mobilität der Gelenke, erhält sie aber auch dadurch. Das Wälzen erfordert und erhält die Kraft in der Wirbelsäule und mobilisiert die Weichteile (zum Beispiel die Rückenbänder) in hervorragender Weise. Aber auch die Organe, vor allem der Darm, bleiben mobil und werden drainiert. Das Aufstehen erfordert und erhält die Mobilität und Kraft der Hinterhand. Wälzen ist ein einmaliges Ganzkörpertraining und eine Ganzkörpermobilisation und es macht dem Pferd Spaß. Schon Xenophon wies seine Pferdewärter vor über 2300 Jahren an, die Pferde täglich auf den Wälzplatz zu führen.

Das alte Pferd erfordert viel Aufmerksamkeit, ein zeitaufwendiges Training und eine vielseitige Beschäftigung. Dazu vielleicht noch das Beispiel von dem 29 Jahre alten Wallach *Waldenström,* der seit 25 Jahren in meinem Besitz ist und seit einem Jahr nicht mehr geritten wird. Er erhält teures und aufwendig zu verabreichendes Futter. Aber er hat es verdient! Und ich finde immer, dass es zum Prüfstein der Beziehung zwischen Besitzer und Pferd wird, wie mit ihm im Alter verfahren wird.

Foto: Christiane Slawik

Gesund massiert und gestriegelt

Wellness für alte Pferde

von Martina Kiss

Das Striegeln und Putzen gehört zum Reiten dazu – damit das Pferd sauber ist und unter dem Sattel durch Dreckklumpen keine Druckstellen entstehen können. Aber alte Pferde werden nur selten bis gar nicht geritten und verbringen die meiste Zeit auf einer Weide. Dadurch werden sie auch seltener geputzt, was sehr schade ist. Denn gerade das Putzen kann für alte Pferde richtiggehend zum Wellnessvergnügen werden, wenn man es als Gesundheitsfaktor sieht, um dem Rentner etwas Gutes zu tun.

Das Striegeln des Fells hat nicht nur den Vorteil, dass Staub aus dem Fell geputzt wird und Haare ausgebürstet werden. Dabei wird auch die Haut massiert. Was kann es Schöneres für einen Pferdesenioren geben als eine Massage? Dabei wird die Haut durchblutet, der Stoffwechsel angeregt und die Haare (die bei Rentnern ohnehin meist länger sind) entfernt. Gerade bei alten Pferden geht der Fellwechsel schwerer vor sich. Ein Grund mehr, sich um die Pflege des Fells zu kümmern. Und das Striegeln des Fells ist nicht nur eine Gesundheitsvorsorge im körperlichen Sinne. Alte Pferde entschleunigen ihren Menschen. Da beide nicht unbedingt Reiten gehen „müssen", haben sie Zeit, sich ausgiebig der Körperpflege zu widmen, also wertvolle Stunden miteinander zu verbringen. Das kann die Bindung zwischen Mensch und Pferd so stark beeinflussen, dass beide Energie daraus schöpfen.

Ruhiges Einstimmen auf das Putzen

Doch wo beginne ich mit der Wellnesskur für mein Pferd? Es beginnt damit, wo und wie ich mein Pferd begrüße. Ob ich es aus der Box oder von der Weide hole, eines ist immer wichtig: Ruhe und bei sich sein. Nur dann kann ich bei meinem Partner Pferd sein. Am besten, ich lasse alles, was den Tag über passiert ist, noch vor dem Stall oder auf dem Weg dorthin. Es reicht schon, einige Minuten, bevor ich zu meinem Pferd gehe, in Ruhe zu entspannen, einige tiefe Atemzüge zu machen und die Alltagssorgen in einen mentalen Raum zu sperren. Nun bin ich bereit, mich meinem Pferd zu widmen. Wenn ich es begrüße, gebe ich ihm die Zeit, sich auf mich einzustellen. Das kann einige Minuten dauern, aber auch länger. Wenn wir anschließend gemeinsam zum Putzplatz gehen, sind wir beide schon entspannt, und das ist der richtige Beginn zum ausgiebigen Miteinander. Anders als beim Wellnessputzen beginnt das Bürsten nicht mit Striegel und Kardätsche in der Hand, sondern mit „Da-Sein". Ich führe mein Pferd zu einem ruhigen Platz – sofern der Putzplatz ruhig liegt, ist auch dieser für Pferd und Mensch gut nutzbar, sonst wäre es besser und harmonischer, ein etwas abgeschiedeneres Plätzchen aufzusuchen. Zuerst beginne ich mit einer Atemübung, die Blockaden im eigenen Körper auflöst.

Atemübung:

Legen Sie beide Handflächen auf das Fell und atmen Sie ein.

Stellen Sie sich beim Ausatmen vor, dass sich der Atem in die Finger verteilt und in das Fell des Pferdes strömt.

Atmen Sie einige Male auf diese Weise ein und aus. Schließen Sie dabei die Augen und fühlen Sie nur, wie der Atem kommt und geht.

Dabei kann es zu einem Kribbeln in den Handflächen, den Fingern oder den Fingerkuppen kommen. Das ist ein Zeichen dafür, dass Energie fließt. Viele Pferde zeigen daraufhin deutliche Entspannungsanzeichen, wie Kauen, Gähnen, Abschnauben oder auch Zur-Seite-Treten.

Geben Sie dem Drang des Pferdes nach und beenden Sie die Einheit, indem Sie die Hände vom Fell nehmen.

Die Atemübung sollte am Beginn des Striegelns gemacht werden und kann auch der Abschluss des Putzens sein. Nach dieser Atemübung beginnen wir mit der Fingerkuppenmassage.

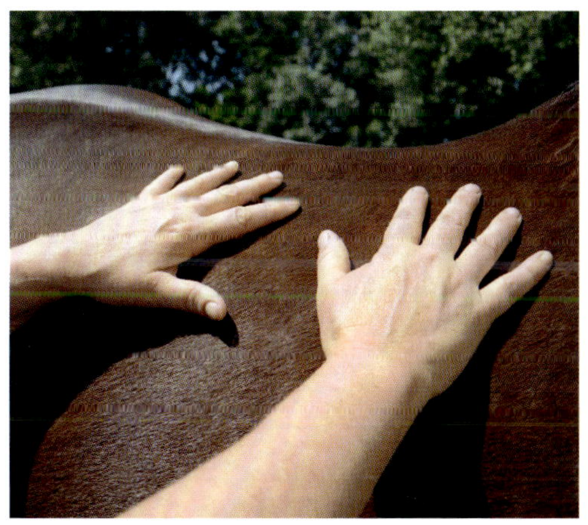

Foto: Martinc Kiss

Die Hände auf dem Rücken stellen einen liebevollen Kontakt zum Pferd her.

Fingerkuppenmassage

Als nächster Schritt beginne ich ganz langsam hinter dem Ohr am Hinterhauptbein mit den Fingerkuppen in kleinen kreisenden Bewegungen zu massieren. Ich kreise entlang des Mähnenkamms zum Widerrist über die Sattellage bis zur Kruppe und weiter bis zur Schweifrübe. Wichtig dabei ist, immer auf die Reaktion seines Pferdes zu achten. Drückt es sich gegen die Finger, will das Pferd mehr. Entzieht er sich, können tiefer liegende Probleme der Grund sein. Schmerzen, die ihm die Massage zur Tortur machen. Im ersten Fall kann ich so lange mit der Fingerkuppenmassage fortfahren, bis er genüsslich anfängt abzukauen. Denn Abkauen, Schnauben, Mit-den-Augen-Blinzeln oder Gähnen können Zeichen für Entspannung sein.

Foto: Martina Kiss

Die Kreisbewegungen sollten einen Durchmesser von circa drei bis vier Zentimeter haben.

Im zweiten Fall streiche ich sanft entlang des Mähnenkamms, bis sich das Pferd an die Berührung gewöhnt hat. Der Bereich hinter dem Ohr ist für viele Pferde sehr empfindlich und sensibel. Oft schlagen sie den Kopf weg, kommt man auch nur in die Nähe dieser Stelle. Dort liegt das Halfter auf, und schon ein geringer Ruck mit dem Führstrick kann eine Blockade hervorrufen. Zeigt das Pferd eine Reaktion, ist es ratsam, sich zuerst auf den Rücken in Höhe der Sattellage zu konzentrieren. Dieser Bereich wird als Putzbeginn eher akzeptiert, vor allem dann, wenn die Stelle hinter dem Ohr schmerzt, weil sie blockiert ist.

Wenn ich von Massage spreche, meine ich einen leichten Druck, der zehn bis zwanzig Gramm nicht überschreiten sollte, also eher ein verstärktes Streicheln. Drückt sich das Pferd dagegen, holt es sich ohnehin einen höheren Druck. Dann kann man stärker massieren. Achtung! Senioren können empfindlicher sein oder auch nicht. Achten Sie immer auf die Reaktion des Pferdes.

Schulter als Beginn

Beginnt man im Schulterbereich, kann der Massagebereich ein Kreis von zehn bis zwanzig Zentimeter sein. Durch die Massage wird das Fell aufgerubbelt. Umso leichter hat man es, wenn man später mit Striegel und Kardätsche arbeitet. Mit den Fingerkuppen geht es weiter in Richtung der Sattellage und der Kruppe. Schöne kreisrunde und langsame Bewegungen im Uhrzeigersinn und dabei immer die Reaktion des Pferdes im Auge behalten. So stellt man schon beim Putzen fest, ob das Pferd Stellen hat, an denen es sich ungern anfassen lässt, weil es Schmerzen hat. Erfahrungsgemäß genießen Pferde eine Massage am Ansatz der Schweifrübe, die auch den Abschluss der Fingerkuppenmassage bilden kann. Mit derselben Vorgehensweise, entweder hinter dem Ohr oder an der Schulter beginnend, massiert man dann die andere Körperhälfte des Pferdes. Meistens stellt sich das Pferd auch hier schon viel williger zur Verfügung und man kann gleich mit der Massage hinter dem Ohr beginnen.

Der kleine Kreislauf

Als Abschluss zur Massage streiche ich mit der flachen Hand, beginnend von der Nasenwurzel über die Stirn, zwischen den Ohren über den Mähnenkamm und die Sattellage zur Kruppe und weiter zur Schweifrübe, dann zwischen den Hinterbeinen auf der Mittellinie zurück zum Herzen, zwischen den Vorderbeinen am Hals hinauf, endend wieder an der Nasenwurzel – ich ziehe den „kleinen Kreislauf".

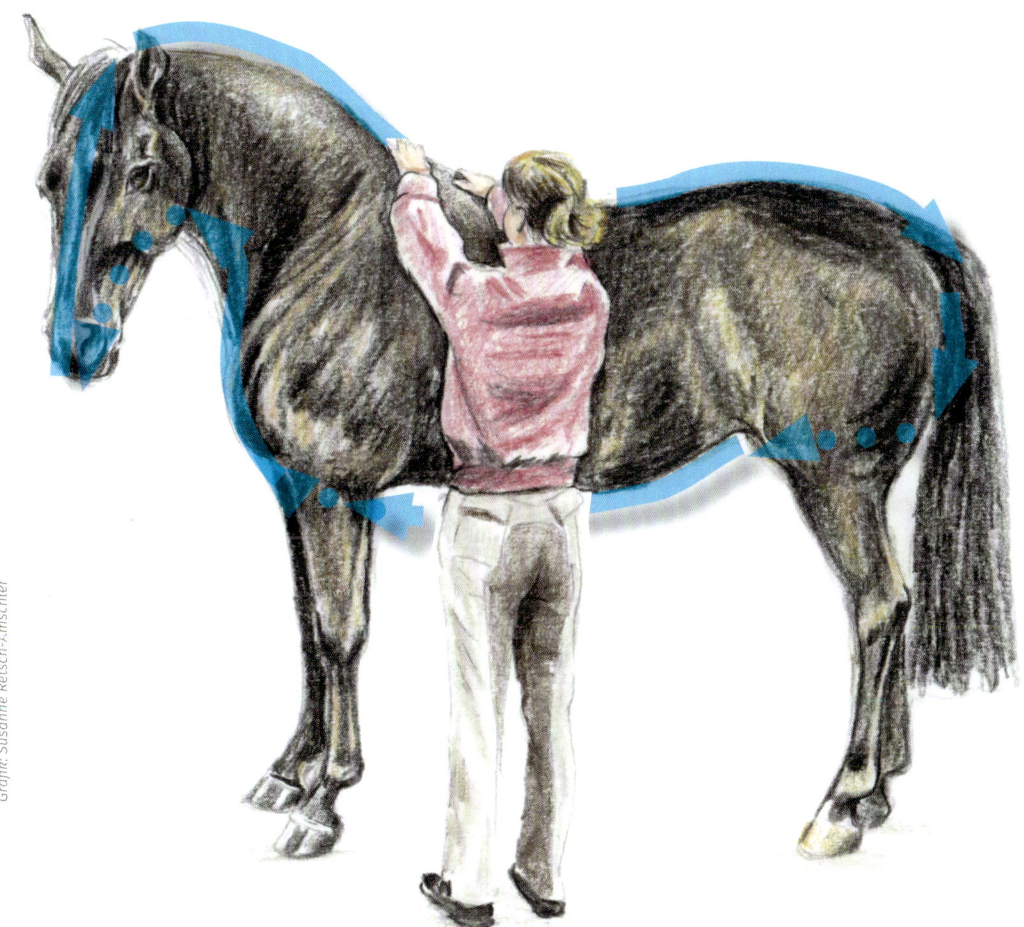
Grafik: Susanne Retsch-Amschler

Das Ziehen des kleinen Kreislaufs aktiviert zusätzliche Energien.

Nach dem Ziehen des kleinen Kreislaufs streiche ich jedes Bein von oben nach unten ab bis zum Kronrand. Am Kronrand massiere ich noch von der Mitte des Hufs mit beiden Daumen nach hinten bis zum Ballen. Jetzt habe ich das Pferd durchmassiert und das eigentliche Putzen kann beginnen.

Putzen als Beiwerk

Bevor man Striegel oder Kardätsche einsetzt, sollte man das Pferd daran schnuppern lassen. Das hat nicht nur damit zu tun, ihm zu zeigen, dass es nichts Gefährliches ist, sondern auch damit, dass man dem Pferd Raum gibt, sich auf die Situation einzustellen. Viele ältere Pferde sehen oder hören nicht mehr so gut und könnten sich schrecken, geht man zu forsch an ihren Körper. Manche Pferde schätzen es sehr, dass man ihnen diesen Respekt entgegenbringt, und quittieren es, indem sie sich entspannen und sich über das Maul lecken.

Mit dem Striegel – am besten einem Gummistriegel, weil er weicher ist und sich dem Pferdekorper anpasst – raue ich das Fell auf, und mit der Kardatsche putze ich den Staub aus dem Fell. Das eigentliche Putzen mit Striegel, Kardätsche, Mähnenbürste und Hufauskratzer dauert im Durchschnitt je nach Verschmutzungsgrad 20 bis 45 Minuten. Eine Putzeinheit mit dem Pferderentner kann so lange dauern, wie Sie und Ihr Pferd Freude daran haben. Putzen auf diese Weise aktiviert nicht nur die Energiesysteme des Körpers, sondern fördert auch die Bindung zwischen Ihnen und Ihrem Pferd.

Körpergefühl schulen

beim Training alter Pferde

von Dr. Ruth Katzenberger-Schmelcher und Yvonne Katzenberger

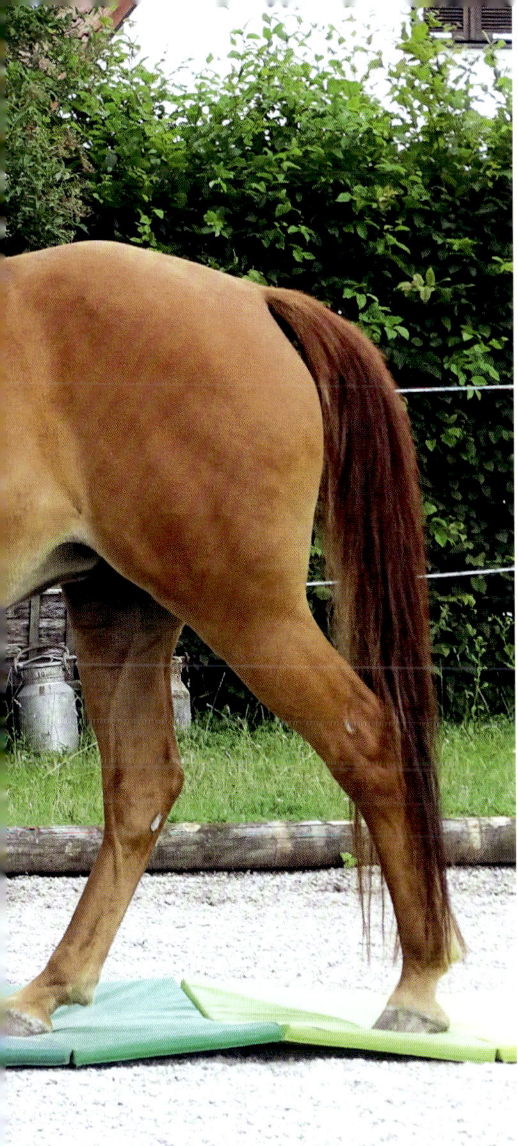

Foto: Dr. Ruth Katzenberger-Schmelcher

Alte Pferde sind oft bewegungseingeschränkt oder zumindest gelingen ihnen Bewegungen nicht mehr so geschmeidig wie in frühen Jahren. Angepasste Bewegung – auch für alte Pferde – ist richtig und wichtig. Neben Übungen, die in Bewegung ausgeführt werden, gibt es aber eine Vielzahl an effektiven Übungen, die am stehenden Pferd oder nur mit minimaler Bewegung des Pferdes durchgeführt werden können und die das Körpergefühl der Senioren gleichermaßen fördern und fordern.

Zunächst einmal ist Altern bei allen Lebewesen ein individueller Prozess. Daher ist es besonders wichtig, jedes Pferd als eigene Persönlichkeit wahrzunehmen und genau darauf zu achten, was im konkreten Fall vom Pferd geleistet werden kann und was eben nicht. So können 20 Jahre Lebensalter je nach genetischer Disposition, Rasse, vergangener Haltungsform und Trainingsbelastung für ein Pferd gleichsam Rentenalter und Blütezeit bedeuten. Gemein ist allen Pferden, die in die Jahre gekommen sind, aber eines: Altern hinterlässt körperliche Spuren.

Alte Pferde benötigen eine längere Aufwärmphase als ihre jungen Kollegen: Bänder, Sehnen und Faszien verlieren an Elastizität. Auch die Gelenke sind nicht mehr so geschmeidig – die Produktion der Synovialflüssigkeit (also der Gelenkschmiere) muss über eine längere Zeit angeregt werden. Arthrosen, Steifheiten und Lahmheiten nehmen zu. Außerdem baut das Immunsystem tendenziell ab. Zudem schwinden Muskel- und Fettmasse – das hat wiederum Einfluss auf die Thermoregulation, das heißt auf den körperlichen Prozess, der für die Anpassung des Körpers an die klimatischen Verhältnisse zuständig ist. Für den Reiter besonders bedeutsam ist, dass die Sensomotorik alter Pferde eingeschränkt ist und sich koordinative Fähigkeiten wie zum Beispiel die Balancefähigkeit verschlechtern.

Das alles sind natürliche Vorgänge im Pferdekörper, die von Pferd zu Pferd schneller oder langsamer, ausgeprägter oder weniger deutlich vor sich gehen. Wichtig ist dabei stets, das einzelne Pferd zu betrachten und keine Pauschallösungen für Pferde ab einer gewissen Altersgrenze zu suchen: Genauso individuell wie bei uns Menschen gestaltet sich der Alterungsprozess bei unseren vierbeinigen Partnern.

Hier sind einige Trainingsideen, die sich sowohl für jung gebliebene als auch stark gealterte Seniorenpferde eignen und die das Körpergefühl Ihres Pferdes schulen.

Ein gutes Körpergefühl als Basis

Mit Körpergefühl ist weitaus mehr gemeint als eine bloße Emotion oder ein „In-sich-Hineinspüren“: Körpergefühl im engeren Sinn meint die sogenannte Körperwahrnehmung, die wir mit gezielten Übungen fördern können. Im Pferdekörper finden sich verschiedene Sinneszellen, die Reize aufnehmen, in elektrische Signale umwandeln und zur Verarbeitung und Interpretation in das zentrale Nervensystem weitergeleitet werden. Das zentrale Nervensystem sorgt wiederum dafür, dass Muskeln, Gewebe, innere Organe bestimmte Befehle erhalten und eine (Re-)Aktion auslösen.

Die Sinneszellen sind damit elementar: Besonders wichtig sind dabei die Sinneszellen, die den sogenannten Basissinnen zugeordnet werden können: Der Tastsinn (taktiler Basissinn), der Kraft-, Stellungs- und Bewegungssinn (propriozeptiver Basissinn) und der Gleichgewichtssinn (vestibulärer Basissinn) werden bereits im Mutterleib ausgebildet und sorgen in ihrem Zusammenspiel dafür, dass ein Pferd seinen Körper wahrnehmen kann: Ein gutes Körpergefühl sorgt für koordinierte, balancierte Bewegungen, ein gutes Gleichgewicht und dafür, dass ein Pferd die Ausmaße seines Körpers einschätzen kann.

Die Sensomotorik, also das Zusammenspiel der Sinnessysteme mit dem motorischen System, hängt damit maßgeblich mit der Reizverarbeitung über die Basissinne zusammen. Da mit dem Alter die Qualität der Sensomotorik abnimmt, sollten wir einen gezielten Blick auf die Förderung der einzelnen Sinnessysteme werfen.

Sinnvoller Einstieg zum Übungsaufbau

Bei allen beschriebenen Übungen sollten Sie einige Dinge unbedingt berücksichtigen: Achten Sie auf Ihr Pferd und beobachten Sie es genau! Es geht keineswegs darum, dass Ihr Pferd etwas aushält. Ihr Pferd soll sich zu jeder Zeit wohlfühlen. Sobald es Anzeichen von Stress, Angst oder Unwohlsein zeigt, brechen Sie die Übung ab bzw. gehen zu dem Punkt zurück, an dem es diese Anzeichen noch nicht gab. Damit Sie sich auch wirklich auf Ihr Pferd konzentrieren und Ihre Beobachtungen konzentrieren können, suchen Sie sich einen ruhigen Platz aus, an dem Sie weitestgehend ungestört sind und an dem sich das Pferd wohlfühlt. Als Ausrüstung für das Pferd brauchen Sie nichts weiter als ein Halfter und einen Führstrick.

Eine runde Sache: der Einsatz von Bällen

Weit mehr als eine bloße Wellnessbehandlung ist der Einsatz von Bällen am Pferd. Auch wenn die meisten Pferde die Behandlung mit den Bällen sichtlich genießen und deutliche Entspannungsanzeichen zeigen, ist dies zwar ein schöner Effekt – aber eben bloß ein Nebeneffekt: Mit dem Rollen der Bälle über die Pferdehaut werden Druckreize gesetzt, die Input für die Sinneszellen der Pferdhaut darstellen. Betroffen sind hier insbesondere die sogenannten Mechanorezeptoren, die – wie ihr Name schon vermuten lässt – mechanische Druckreize wahrnehmen.

Das wird benötigt:

- verschiedene Bälle: zum Beispiel ein Igelball und ein Pilatesball (mit Sand gefüllter Gymnastikball)

So wird es gemacht:

Suchen Sie sich einen Ball aus, mit dem Sie die Übung beginnen wollen. Rollen Sie den Ball sanft über den Pferdekörper. Beginnen Sie auf einer Pferdeseite und arbeiten Sie sich dann auf die andere Seite vor. Bei den Beinen dürfen Sie nur sehr moderaten Druck aufwenden, da gerade beim distalen (das ist der untere) Teil der Pferdebeine die Haut sehr dicht an der schmerzempfindlichen Knochenhaut liegt. Kopf und Wirbelsäule sparen Sie komplett aus. Lassen Sie sich bei der Übung Zeit und beobachten Sie Ihr Pferd genau.

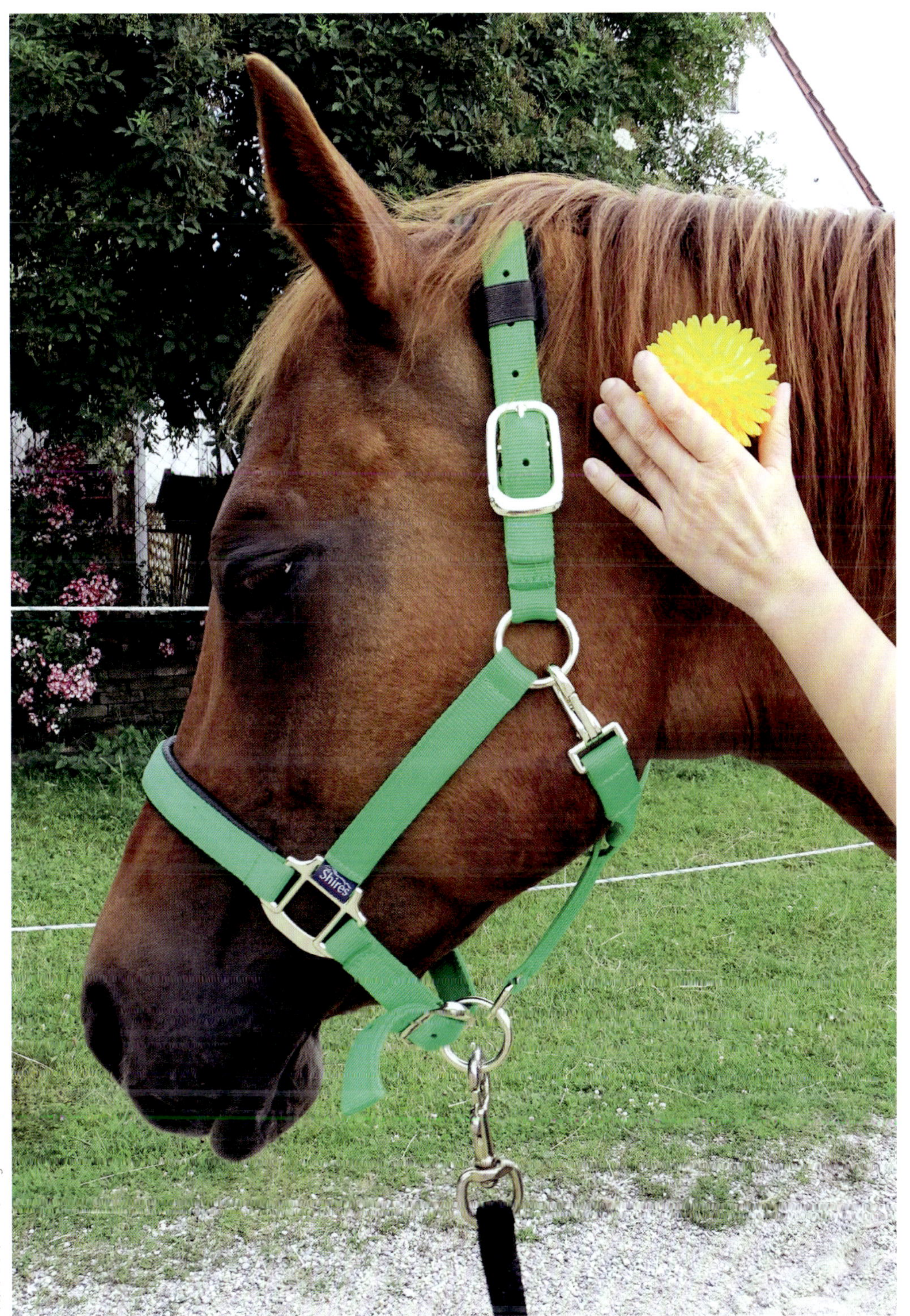

Foto: Dr. Ruth Katzenberger-Schmelcher

Der Igelball wird in sanft kreisenden Bewegungen über das Pferdefell gerollt.

Foto: Dr. Ruth Katzenberger-Schmelcher

Die Sandfüllung im Pilatesball sorgt für Gewicht, das sich immer wieder neu verlagert.

Sind Sie mit einem Ball fertig, greifen Sie zu einer anderen Ballvariante und wiederholen die Übung. Können Sie Unterschiede in den Reaktionen Ihres Pferdes feststellen? Diese Übung ist nicht nur nützlich für Ihr Pferd, sondern schult auch Ihr Auge bei der Beobachtung kleinster Reaktionen. Insgesamt sollten Sie diese Übung nicht länger als zehn Minuten durchführen.

Was tun, wenn:

Reagiert Ihr Pferd mit einem erhöhten Muskeltonus (Muskelspannung), weicht es aus oder zeigt andere Abwehrreaktionen jeglicher Art, versuchen Sie, einen Modus zu finden, der für das Pferd angenehm ist: Sie können mit dem Abrolldruck, der Abrollgeschwindigkeit oder der Abrollrichtung variieren. Kommt Abrollen für Ihr Pferd gar nicht infrage, tupfen Sie das Pferd mit dem Ball ab.

Auch die Beschaffenheit des Balls spielt eine Rolle. Gerade bei Igelbällen sollten Sie achtsam vorgehen: Am besten, Sie rollen den Ball einmal selbst über Ihren Unterarm. Sie werden schnell feststellen, dass Ihnen das Abrollen je nach Intensität und genauer Körperstelle einmal mehr und einmal weniger angenehm ist. Beginnen Sie also stets mit geringem Druck und arbeiten Sie sich Schritt für Schritt zu deutlicherem Abrolldruck vor.

Dafür ist die Übung gut:

Mit unterschiedlichen Bällen sorgen Sie für eine abwechslungsreiche Stimulierung der Mechanorezeptoren in der Pferdehaut, was wiederum das taktile System und damit die Oberflächensensiblität schult. Der Fokus auf das Wunderwerk Pferdehaut erweitert das Wahrnehmungsrepertoire Ihres Seniors. Gerade bei älteren Pferden ist das sinnvoll: Die Oberflächensensiblität ist im Vergleich zu Jungspunden oft nicht mehr so ausgeprägt. Das kann Probleme erzeugen, denn eine nicht adäquate Oberflächensensibilität führt oft dazu, dass Ihr Pferd seine eigenen Ausmaße nicht mehr richtig einschätzt. Wenn die Frage „Wo beginnt mein Körper und wo hört er auf?“ nicht mehr präzise vom Pferd beantwortet werden kann, schrammt es oft an Heuraufen, Türen oder Durchgängen an. Fügt sich Ihr Pferd häufig kleinere Abschürfverletzungen im Stall selbst zu, sollten Sie hellhörig werden und Ihr Augenmerk auf das taktile System richten.

Instabil und warm: Matte und Wärmekissen kombiniert

Die nächste Übung bringt ein klein wenig Bewegung ins Spiel und kombiniert Reize für alle drei Basissinne. Damit sorgen Sie für einen breit gefächerten sensorischen Input.

Das wird benötigt:

- eine Gymnastikmatte
- ein Wärmekissen (gefüllt mit Kirschkernen oder Dinkel)

So wird es gemacht:

Instabile Untergründe fordern Ihr Pferd heraus: Deshalb sollten Sie es behutsam an das Ungewohnte heranführen. Bevor Sie also zur eigentlichen Übung kommen, gehen Sie einige Male im Schritt und am lockeren Führstrick mit dem Pferd über die Matte. Hat Ihr Pferd damit keine Probleme, halten Sie es an, sobald beide Vorderhufe auf der Matte stehen. Warten Sie fünf bis zehn Sekunden und gehen Sie dann im ruhigen Schritt weiter über die Matte.

Im nächsten Durchgang halten Sie Ihr Pferd wieder für fünf bis zehn Sekunden an, sobald es mit beiden Vorderhufen auf der Matte steht, gehen dann weiter über die Matte und halten es wiederum an, sobald sich nur noch die beiden Hinterhufe auf der Matte befinden. Funktioniert auch diese Variante problemlos, halten Sie Ihr Pferd jeweils an, sobald nur die Vorderhufe, alle vier Hufe und nur die Hinterhufe auf der Matte stehen.

Foto: Dr. Ruth Katzenberger-Schmelcher

Ein Kirsch- oder Dinkelkissen passt sich wunderbar an den Pferdekörper an.

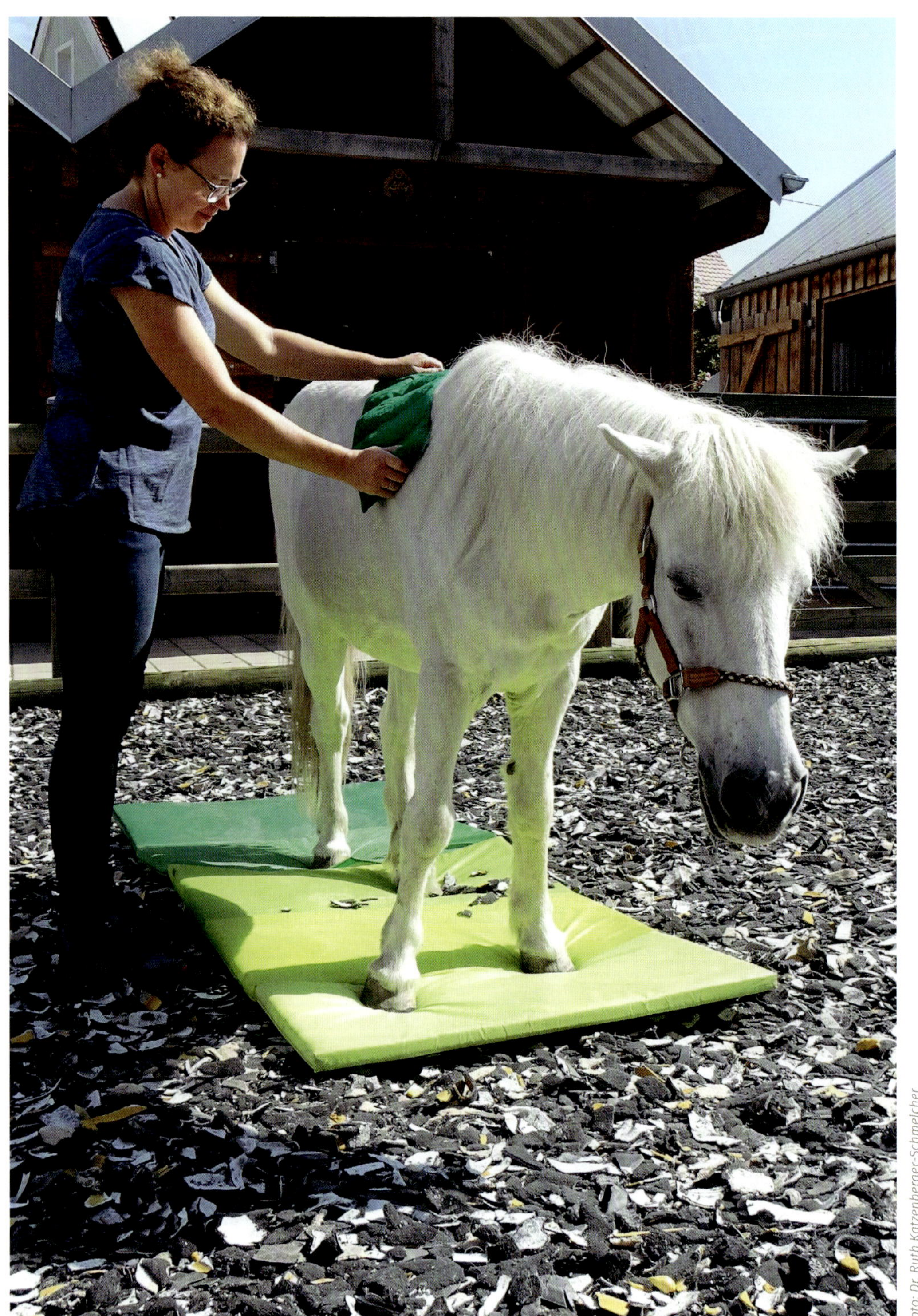

Foto: Dr. Ruth Katzenberger-Schmelcher

Der thermische Reiz regt zusätzlich die Thermorezeptoren an.

Bei der eigentlichen Übung sollen alle vier Hufe ruhig und entspannt auf der Matte stehen. Diese kleine Vorübung mag sich einfach anhören, ist in der Praxis für viele Pferde aber oftmals schwer umzusetzen. Sie sollten sich deshalb genügend Zeit dafür nehmen und erst dann zum nächsten Schritt übergehen, wenn dieser Ablauf reibungslos funktioniert.

Beim Laufen über und dem Stehen auf forminstabilen Untergründen leisten die Tiefenmuskulatur und die Sinneszellen, allen voran die Propriozeptoren, Höchstarbeit: Die Balancefähigkeit wird besonders geschult. Auch das Gleichgewichtssystem ist gefragt. Schließlich laufen im Pferdekörper gerade beim Stand auf instabilen Untergründen die ganze Zeit sogenannte Equilibriumsreaktionen ab. Das heißt, in der Muskulatur kommt es zu automatisch ablaufenden Spannungsreaktionen, die auch kleinste Gewichtsverlagerungen, die zu einem geringen Ungleichgewicht führen, durch Gegenkraft ausgleichen. Die Zergliederung der Bewegung, also der Wechsel zwischen Bewegungs- und Standphasen, fördert zudem gezielte Teilkörperbewegungen und ein präzises Abfußen der einzelnen Beine. Hier geht es also um Koordination und Gleichgewicht und damit Bereiche, in denen gerade Oldies nicht selten Probleme haben.

Kann Ihr Pferd entspannt mit vier Hufen auf der Matte stehen, kombinieren Sie die Übung mit taktilen Reizen. Hier werden nicht nur die Mechano-, sondern auch die Thermorezeptoren stimuliert. Wärmen Sie vorher ein Kirsch- oder Dinkelkissen auf und achten Sie bitte darauf, dass das Kissen nicht zu heiß ist: Ein Selbstversuch gibt Ihnen Aufschluss über die Temperatur.

Anschließend streichen Sie Ihr Pferd auf beiden Seiten mit dem warmen Kissen ab. Zeigt Ihr Pferd Entspannungsanzeichen, können Sie das Kissen für circa fünf Minuten auf dem Pferderücken ablegen.

Was tun, wenn:

Bevor Sie mit dem Kissen arbeiten, müssen Sie unbedingt die Vorübung absolvieren. Das kann ein wenig Geduld erfordern. Hat Ihr Pferd Probleme mit dem Stehenbleiben, gehen Sie zunächst immer wieder im Schritt über die Matte und tasten Sie sich langsam an die weiteren Herausforderungen heran. Zeigt Ihr Pferd beim Kissen Stress, variieren Sie bei der Intensität des Abstreichdrucks und beobachten Sie genau, an welchen Körperstellen es zu den ungewünschten Reaktionen kommt.

Dafür ist die Übung gut:

Die Kombination aus taktilen, vestibulären und propriozeptiven Reizen sorgt für eine breite Wahrnehmungserfahrung. Die Tiefenmuskulatur muss auf der Matte arbeiten, Koordination und Gleichgewicht werden ebenso geschult wie die Wahrnehmung der Oberflächensensibilität. In all diesen Bereichen haben unsere Senioren oftmals Probleme. Diese Übung ist also ein kleiner Allrounder, der ältere Pferde auf den ersten Blick zwar nicht anstrengt, bei genauerem Hinsehen aber fordert und fördert.

Der Körper verändert sich – und so auch das Training

Altern führt zu körperlichen Veränderungen. Das ist nicht weiter schlimm, wenn wir unseren Pferden den Respekt entgegenbringen, den sie verdienen: Genauso wie bei uns Menschen müssen wir Training, Übungen und Herausforderungen an die körperlichen Gegebenheiten anpassen – und diese Gegebenheiten sind auf ganzer Linie individuell und unabhängig von einer starren Altersgrenze.

Ein Pferd muss also nicht zwangsläufig mit Erreichen eines gewissen Alters in Rente geschickt werden. Dabei bedeutet „Rente“ auch nicht zwangsläufig, dass ein Pferd nur auf der Wiese stehen und keine menschliche Ansprache mehr bekommen muss.

Das Training alter Pferde bietet viele Chancen: Passen wir die Übungen an und richten unsere Aufmerksamkeit auf das Körpergefühl unserer Oldies, können wir viele schöne gemeinsame Jahre – auch im hohen Pferdealter – miteinander verbringen. Kümmern wir uns hingegen nicht um unsere in die Jahre gekommenen Pferde, werden sich viele Einschränkungen zu großen gesundheitlichen Problemen entwickeln.

Lassen Sie uns also so mit unseren alten Pferden umgehen, wie wir es uns für uns selbst wünschen: mit Respekt und dem Fokus auf dem Wohl des einzelnen Lebewesens.

Alte Pferde gesund trainieren

durch gymnastizierende Übungen

Text und Fotos von Sandra Fencl

Je älter Pferde werden, desto langsamer arbeitet der Stoffwechsel. Dieser Umstand sollte beim Training immer berücksichtigt werden. Auch die Auf- und Abwärmphasen dauern länger als mit einem Pferd in den besten Jahren. In diesem Artikel zum Thema „Alte Pferde gesund trainieren" möchte ich deshalb bewusst eher einfache, aber äußerst effektive Übungen (auch) für ältere Pferde vorstellen und auf (für alte Pferde) besonders elementare Gesundheitsaspekte hinweisen.

Wenn unsere Pferde älter werden, ist es wichtig, zu beachten, dass der Stoffwechsel langsamer wird. Das heißt einerseits, dass eine Aufwärmphase von mindestens 25 Minuten im Schritt zum „Schmieren und Ernähren" der Gelenke essenziell ist. Andererseits aber auch, dass die Cool-Down-Phase je nach Trainingsintensität sogar bis zu 30 Minuten beanspruchen kann, um die Muskulatur von Stoffwechselabfallprodukten (Schlacken) zu befreien. Ein weiterer, nicht unwesentlicher Aspekt ist, dass der Muskelaufbau deutlich langsamer vor sich geht, dafür leider der Muskelabbau deutlich schneller! Frei nach dem Motto „Wer rastet, der rostet" ist es deshalb für die meisten älteren Pferde empfehlenswert, jeden Tag bewegt und gymnastiziert zu werden. Genauso wie wir Menschen neigen auch Pferde dazu, in der zweiten Lebenshälfte steifer und ungelenkiger zu werden. Muskeln, Faszien, das Bindegewebe, aber auch Sehnen und Bänder verlieren an Elastizität und sollten daher gezielt über idealerweise tägliche Gymnastik geschmeidig gehalten werden. Die Durchblutung, der Lymphumtrieb und die Gelenkernährung sind für die Gesunderhaltung essenziell. Der Hufmechanismus setzt lediglich über die Bewegung des Pferdes ein und pumpt die Flussigkeiten gegen die Schwerkraft wieder nach oben in Richtung Rumpf und Stoffwechselorgane des Pferdes. Nachdem ältere Pferde oft kaum mehr Spieltrieb und generell einen geringeren Bewegungsdrang haben, ist die regelmäßige Bewegung und Gymnastizierung durch den Pferdebesitzer wichtig, um Arthrosen,

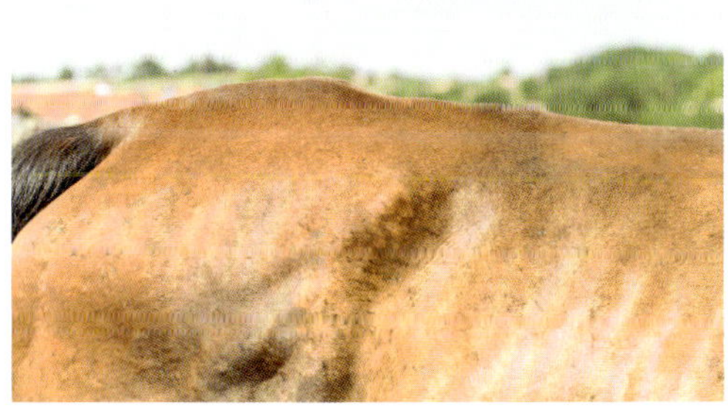

Blockaden im Becken- und Lendenwirbelsäulenbereich sind gerade auch bei älteren Pferden häufig anzutreffen und stellen ein massives Gesundheitsrisiko hinsichtlich Kolikanfälligkeit und Verdauungsproblemen dar.

Verdauungsprobleme, Stoffwechselauffälligkeiten und andere Zivilisationserkrankungen beim Pferd vermeiden zu helfen.

Nachdem das Bindegewebe und der Bandapparat im höheren Alter nicht mehr so straff sind, neigen ältere Pferde vermehrt zu Senk- oder Hängerücken und Trageerschöpfung. Diesem Effekt kann durch regelmäßiges gymnastizierendes Training entgegengewirkt werden. Um Blockaden und Verdauungsprobleme zu vermeiden, sollte neben der Regelmäßigkeit des Trainings auch auf die Beweglichkeit der Wirbelsäule größtes Augenmerk gelegt werden.

Seitliches Übertreten und Rückwärtsrichten für gute Hankengeschmeidigkeit

Die Geschmeidigkeit der Hanken = die großen Gelenke der Hinterhand, also Hüft-, Knie- und Sprunggelenk, ist für Pferde jeden Alters sehr wichtig. Vielen Reitern ist nicht unbedingt bewusst, dass die Geschmeidigkeit der Hinterhand die Voraussetzung für die Lastaufnahme der Hinterbeine ist. Das heißt, bevor wir die Balance von vorn nach hinten verschieben und somit generell verbessern können, ist die Geschmeidigkeit der Hinterhandgelenke unbedingte Voraussetzung. Diese kann man beispielsweise mithilfe des seitlichen Übertretens verbessern.

Hierfür sucht man sich einen Punkt in der Reitbahn und zeichnet sich einen kleinen Kreis in den Sand, um eine „fixe Position" beizubehalten. Man lässt sein Pferd schrittweise seitwärts mit der Hinterhand übertreten - also kreuzen, während die Vorhand sich nur vor das jeweils andere Vorderbein bewegt (also nicht kreuzt, sondern nur davortritt). Daraus resultierend beschreibt die Hinterhand einen großen Kreis, während die Vorhand lediglich einen kleinen Kreis in den Sand zeichnet. Die Abdrücke des Pferdebesitzers wiederum ergeben einen kleinen Kreis, den der Pferdebesitzer mit seinen Füßen ausführt. Idealerweise bleiben Kopf und Hals ganz gerade, genauso wie die Wirbelsäulenausrichtung.

Für die gymnastizierende Bodenarbeit verwende ich am liebsten einen Kappzaum. Um eine genaue Hilfengebung zu ermöglichen, fasse ich den Kappzaum direkt am Ring an (aber bitte niemals den Finger in den Ring stecken). Damit das Pferd

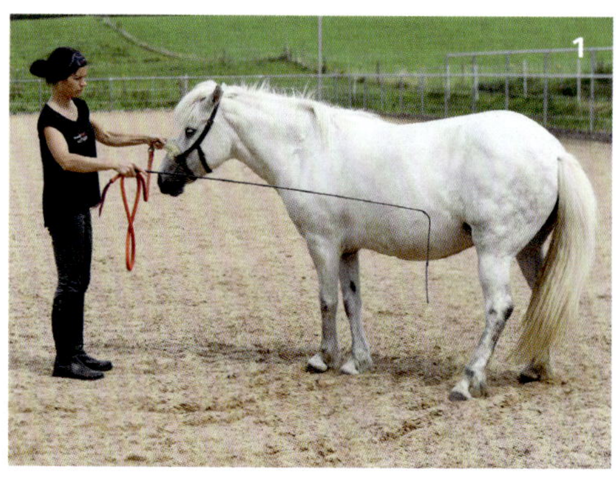

seitlich übertritt, verwende ich das Wortsignal „Seite" und zeige mit der Gerte oder Touchiergerte in Richtung Bauchmuskulatur im unteren Drittel des Rumpfes vor der Flanke. Bewegt das Pferd das Hinterbein seitlich, lobe ich sofort, senke die Gerte wieder zu Boden und mache eine kurze Pause in entspannter Körperhaltung. Dann wiederhole ich die Übung. Wenn das Pferd die Übung verstanden hat, kann man auch mehrere Schritte seitwärts ohne Haltunterbrechung vom Pferd verlangen.

Drückt das Pferd nach vorn oder fällt es über die Schulter, versuche ich den Hals und Kopf (wieder) mittig vor dem Brustbein zu positionieren und gebe ein sanftes „Aufwärts-Arret", indem ich leicht mit dem Kappzaum Druck in Richtung Genick ausübe. Das bringt die Hanken zum „Beugen" und wirkt im Endeffekt wie eine halbe Parade beim Reiten. Das Pferd sollte dadurch das Gewicht von der Vorhand auf die Hinterhand verschieben und wieder leichter in der Vorhand werden. Wenn das Pferd sehr stark nach vorn drückt, lasse ich es einige Tritte rückwärtsrichten, um die Hinterhandgeschmeidigkeit zu verbessern.

Übertreten und Schenkelweichen

Generell sind viele Haltübergänge und das Rückwärtsrichten sehr effektive Lektionen, um die Hinterhand-, aber auch die Rückengeschmeidigkeit und die Balance von Pferden zu verbessern. Gerade wenn Pferde älter werden, neigen sie oft dazu, im Becken-/Hinterhandbereich steif zu werden, was sich in einer stärkeren Vorhandlastigkeit bemerkbar macht. Dies wiederum lässt aber den Rumpf (weiter) absacken, und die Gefahr einer Trageerschöpfung, der Überlastung der Vorhand

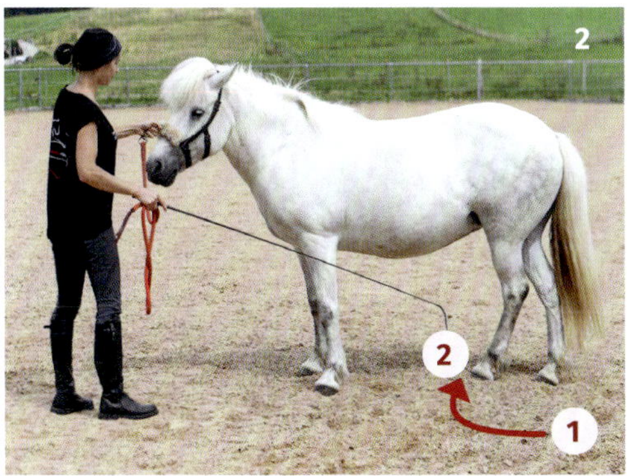

Das innere Vorderbein tritt nur vor das äußere Vorderbein, kreuzt aber nicht wie zum Beispiel beim Schenkelweichen.

und einer höheren Stolper- und Sturzanfälligkeit wird immer größer! Auch der Lymphfluss kann darunter leiden, da die Vorhandlastigkeit zu einer festen Schulterpartie führt und die Hauptlymphzentren in diesem Bereich angesiedelt sind. Gleichzeitig wird die Lendenwirbelsäule häufig unbeweglich, was wiederum eine negative Auswirkung auf die verbundenen inneren Organe (Verdauungstrakt, entgiftende Organe wie Leber und Nieren) hat. Alles hängt also mit allem zusammen und für mich sind das Becken und die Hinterhand der Schlüssel zur Beweglichkeit und langfristigen Gesundheit von Pferden.

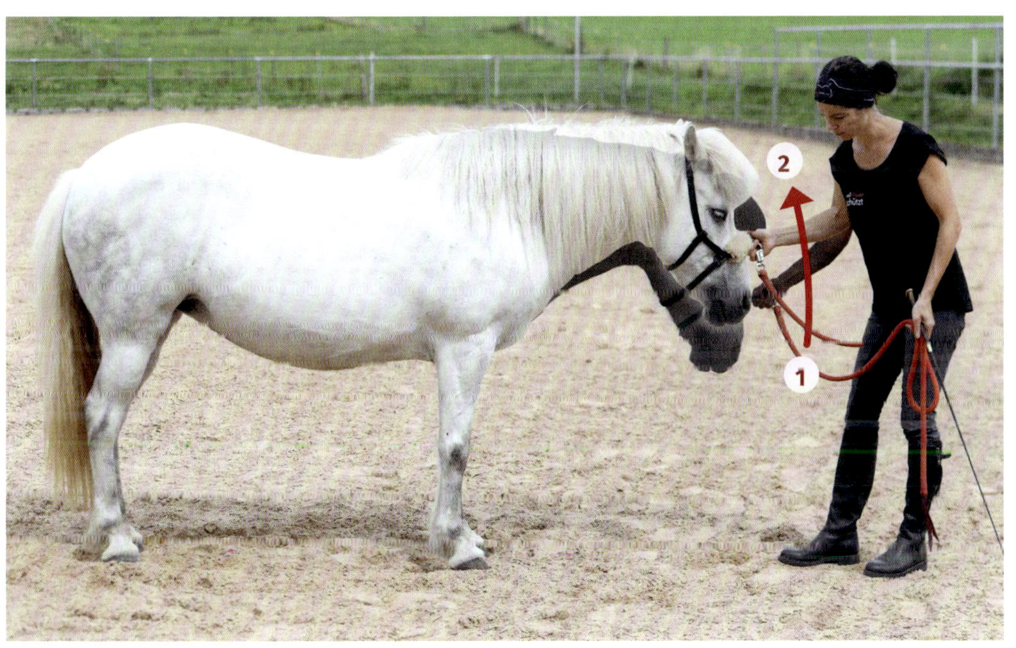

Um diese Fehler zu korrigieren, sollte man häufigere Übergänge zum Halten einbauen, beziehungsweise auch Aufwärts-Arrets sind eine Hilfe, damit die Hinterhand geschmeidiger bleibt.

Eine tolle Übung für fortgeschrittene Pferde, um die Kraft der Hinterhand zu verbessern, ist rückwärts das Pferd einen Hügel raufsteigen zu lassen. Hierfür positioniere ich mich vor dem Pferdekopf, gebe ein Stimmkommando fürs Rückwärtsrichten wie zum Beispiel „Back!", nutze (wenn nötig) ein leichtes Aufwärts-Arret und mache einen leichten Hand- oder Gertenkontakt – wenn erforderlich – auf der Brust des Pferdes. Ich würde diese recht anstrengende Übung anfangs immer schrittweise üben und mit einer kleinen Steigung starten, um das Pferd in seiner Balance und Gelenkbeanspruchung nicht zu überlasten. Diese Lektion kann man natürlich auch im Gelände beim Spaziergang oder beim Ausritt effektiv einsetzen.

Mehr Geschmeidigkeit und Beinkoordination

Um dem Pferd seine Hinterbeine noch bewusster zu machen, ist die einfache Touchierübung von Vorteil. Hierbei stelle ich mein Pferd möglichst korrekt – also geschlossen – parallel zur Bande auf und touchiere es vorsichtig auf Höhe des Kniegelenks. Wichtig ist, dass man mit der Gerte nur einen sanften Hautkontakt als „erste Hilfenstufe" ausübt. Empfehlenswert ist es außerdem, ergänzend ein Wortsignal oder „dumpfes Schnalzen" zur Unterstützung zu verwenden. Sobald das Pferd das Bein auch nur leicht anhebt, nehme ich den Gertendruck weg, senke die Gerte auf den Boden und entspanne meinen Körper in der „Pausenhaltung". Sollte das Pferd auf den sanften Gertenkontakt nicht reagieren, erhöht man den Gertendruck etwas. Zeigt das Pferd noch immer keine Reaktion, beginnt man arrhythmisch mit der Gerte ans Pferdeknie zu „klopfen". Auch hier ist es gut, mit nur wenig Intensität zu starten und peu à peu die Hilfe zu steigern. Sobald das Pferd reagiert, lobt man sofort überschwänglich und nimmt die Gerte komplett weg. Mit der Zeit sollte das Pferd das Hinterbein immer besser beugen und so lange gebeugt halten, bis man den Gertenkontakt am Knie wegnimmt. Dies fördert einerseits die Geschmeidigkeit der Hinterhand und des Rückens des Pferdes und sorgt für eine verbesserte Beinkoordination.

Gute Körperkoordination hilft, Stürze zu vermeiden

Folgende Übung aus der Pferde-Ergotherapie ist für die Balance, die Körper- und Beinkoordination, aber auch für die Geschmeidigkeit des Pferdes

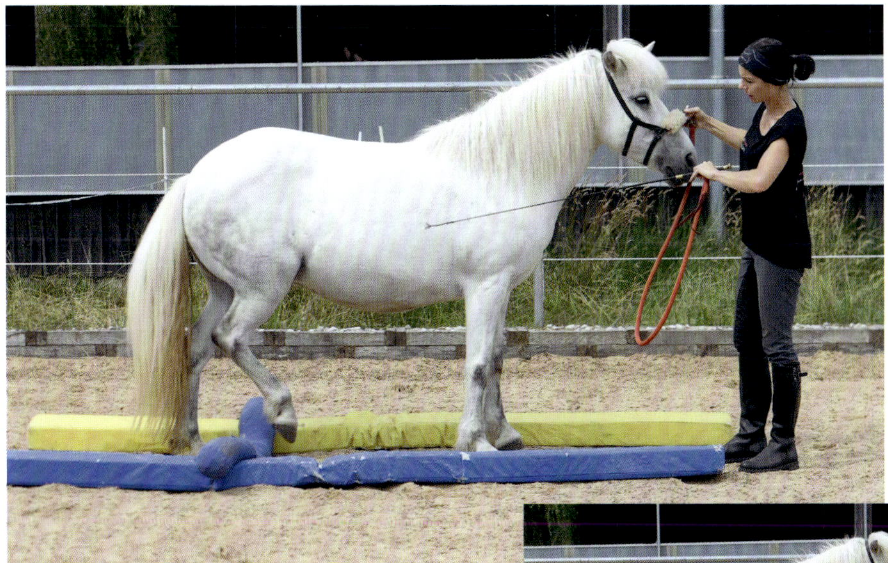

förderlich. Man legt eine „Gasse“ aus weichen Schaumstoffstangen, die je nach Breite des Pferdes ungefähr 1 bis 1,4 Meter Abstand haben sollten. Je geübter das Pferd ist, desto enger legt man die Stangengasse. Über die Stangen legt man wiederum eine weiche Stange mit schwerem Füllmaterial wie zum Beispiel Sand.

Dann führt man das Pferd einmal durch die Gasse hindurch und erlaubt ihm, den Kopf zu senken und sich das „Hindernis“ anzusehen. Der Führer sollte außerhalb der Stangengasse gehen. Im zweiten Schritt lässt man jedes Pferdebein einzeln über die Querstange heben und pausiert mindestens drei und mit etwas Übung später bis zu 30 Sekunden. Dieses einzelne Beinanheben, die Bewegungszergliederung und das bewusste Stehen in Schrittstellung fördert das Körperbewusstsein des Pferdes enorm und gymnastiziert gleichzeitig schonend den Pferdekörper. Sicherheitshinweise: Bitte führen Sie diese Übung nur im gut aufgewärmten Zustand aus. Wenn Ihr Pferd an Platzangst leidet, machen Sie die Stangengasse erst einmal mit einem Abstand von circa zwei Meter Länge und reduzieren Sie langsam die Breite der Gasse. Bei Pferden, die häufig stolpern, ist ein Beinschutz (Gamaschen und gegebenenfalls auch Glocken) empfehlenswert. Bleiben Sie immer konzentriert bei Ihrem Pferd und seien Sie darauf gefasst, dass, wenn das Pferd die Stange verrückt, das Pferd erschrecken könnte. Ich empfehle aus Sicherheitsgründen für diese Übung keine Stangen aus festem Material wie Holz. Wiederholen Sie die Übung maximal drei Mal (beim ersten Mal gern auch nur ein Durchgang) und gehen Sie dazwischen immer mal eine Runde Schritt, damit das Pferd die Bewegungserfahrung „verdauen“ kann. Die Übung ist geistig für viele Pferde sehr anstrengend.

Alle diese Übungen dienen dazu, dass die Pferde auch im Alter fit sind und ihren Lebensabend körperlich und geistig so gesund wie möglich verbringen können. Denn wenn ein Pferd sich wohlfühlt, ist es trotz fortschreitendem Alter länger gesund – und das ist doch unser aller Ziel.

Video zum Artikel: www.youtube.com/watch?v=1ChHoUz8niM
Weitere Infos zum Ausbildungskonzept von Sandra Fencl finden Sie unter www.sandrafencl.com.

Sanfte Beschäftigung für Pferderentner

Waldbaden, Wasserspiele & Co.

von Martina Kiss

Foto: Christiane Slawik

Oft denkt man als Pferdebesitzer, dass man seinem Pferderentner etwas Gutes tut, wenn man ihn nach all den Jahren Training auf die wohlverdiente Altenweide stellt. Im Grunde genommen eine ehrenwerte Einstellung. Jedoch kann das auch ein Schuss nach hinten sein. Dann nämlich, wenn der Senior gar nicht vorhat, in den Ruhestand zu treten. Oft fühlt er sich nicht gefordert und läuft, um seinen Ruhestandstress abzubauen, auf der Weide den Zaun entlang und wiehert. So als ob er sagen will: „Hey, gib mir eine Aufgabe, ich will noch nicht in Rente gehen!" Was macht man mit solchen Pferden? Kreativ sein, und das so sanft wie möglich.

Pferde wollen, dass wir mit ihnen arbeiten – auch Pferderentner. Zugegeben, es ist sehr schön, eine Zeit lang auf der Wiese mit den Stallkollegen zu stehen und sich den Bauch mit Gras vollzuschlagen, aber das kann auch für manche Pferde langweilig werden. Der Besitzer hat jedoch einige Möglichkeiten, sein Pferd zu beschäftigen, ohne dass dieses Unarten entwickelt, die mitunter seiner Gesundheit schaden, wie Weben, Scheuern oder Koppen. Und man kann dabei noch etwas Gutes für die Gesundheit seines Rentners tun. Dies gilt auch für in die Jahre gekommene Schulpferde, die von ihren Schülern gern einfach nur beschäftigt werden wollen. Allerdings gibt es einige Dinge, die man beachten sollte, wenn man einen Rentner beschäftigen will.

Pferdesenioren denken anders

Man darf nicht vergessen, dass der Rentner ein anderes Zeitempfinden hat und von seinen Funktionen her langsamer ist als ein Pferd in den besten und aktivsten Jahren. Er ist auch nicht mehr so beweglich, und ob sein Spieltrieb noch ausgeprägt ist, kommt auf den individuellen Typ an. Außerdem können sich alte Pferde nicht mehr so lange auf eine Sache konzentrieren wie ihre jüngeren Kollegen. Man muss nicht immer fokussierte Stangenarbeit betreiben oder anspruchsvolle zirzensische Lektionen absolvieren, um sein altes Pferd zu bespielen. In vielen Fällen reicht es, wenn man einfache Übungen macht und mit dem Vierbeiner seine Zeit wertvoll verbringt, indem man ihm die ganze Aufmerksamkeit schenkt. Das schätzt dieser nämlich viel mehr als akrobatische Turnübungen. Um die Körperfunktionen im Takt zu halten, ohne ihnen das Gefühl zu geben, zum alten Eisen zu gehören, finden sich oft simple und auch natürliche Übungen. Welche Möglichkeiten hat der Pferdebesitzer oder Pferdefreund, seinen zotteligen Freund auf seine alten Tage zu beschäftigen oder ihn geistig zu fordern, damit sich dieser nicht aufs Abstellgleis abgeschoben vorkommt?

Der Spaziergang im Wald ist Erholung für Körper, Geist und Seele und stärkt die Verbindung zwischen Mensch und Tier.

Spaziergang im Wald = Waldbaden mit Pferd

Was sehr banal klingt, kann durchaus zu einer sinnvollen Freizeitbeschäftigung mit Wohlfühlfaktor für beide – Mensch und Pferd – werden. „Ich gehe mit meinem Pferd im Wald spazieren." – Eine Aussage, die gern verwendet wird, wenn das Pferd krank war, nicht geritten werden sollte, aber trotzdem langsame Bewegung braucht, oder wenn die Zeit für einen ausgiebigen Ausritt nicht ausreicht oder die Reithalle besetzt ist. Wofür hat man sich ein Pferd zugelegt? Um Zeit mit ihm zu verbringen. Genau das ist die Quintessenz im Beisammensein mit seinem Vierbeiner. Im Wald spazieren gehen ist nicht nur für die menschliche Seele Balsam, sondern auch für das Pferd eine gesunde Abwechslung vom Alltag auf der Weide. Denn im Wald geht man nicht nur auf ausgebauten geraden Wegen. Man steigt über Äste und Wurzeln, geht um Bäume rum, und wenn man müde wird, legt man eine Pause ein, in der sich der Mensch auf den Waldboden legt und das Pferd gemütlich grasen kann. Was daran ist Gesundheitstraining? Beineheben beim Über-Äste-und-Wurzeln-Steigen, Biegen beim Um-Bäume-Herumgehen und als Belohnung Grasen beim Pausemachen. Aber im Wald spazieren gehen ist nicht nur Beschäftigung und Gesundheitsvorsorge für den Pferderentner. In den letzten Jahren ist der Begriff des „Waldbadens" immer mehr in den Vordergrund gerückt.

Der Begriff „Waldbaden" (Shinrin-Yoku) kommt aus dem Japanischen und bedeutet: bewusst im Wald die Eindrücke mit allen Sinnen wahrnehmen. Waldbaden mit Pferd ist noch eine Stufe höher. Die Luft im Wald bewusst einatmen, entspannt jeden Muskel. Das hilft, um Stress zu reduzieren. Lehnt man sich an sein Pferd, kann man versuchen, im Gleichklang mit ihm zu atmen. Dabei atmet man seinen Fellgeruch ein, fühlt seinen Herzschlag, spürt seine warme Luft aus den Nüstern und seine Fellhaare auf der Haut. Was kann es Schöneres geben? Man beschäftigt seinen Senior und betreibt Entschleunigungsmanagement bei sich selbst.

Wasserplanschen fördert die Balance

Eine weitere Möglichkeit sind alle Spiele, die mit Wasser zu tun haben. Man kennt das von den aktiven Ausritten, als der Senior noch ein Junior oder ein Pferd in den besten Jahren war. Ausritte mit Galoppstrecken machten sowohl dem Menschen als auch dem Pferd Spaß. Der Sommer ist heiß und man hat einen Bach in der Nähe. Wenn die Temperaturen ansteigen oder es im Sommer am Vormittag schon sehr heiß ist, ist es eine beliebte Abwechslung, durch das seichte dahinplätschernde Gewässer zu waten. Mitten im Bach bleibt man stehen, freut sich an der kühleren Luft, und Freund Pferd planscht gemütlich einmal mit dem einen, dann mit dem anderen Vorderhuf, sodass auch der Reiter schön vollgespritzt wird. Nicht jeder hat einen Bach gleich neben dem Pferdestall. Aber wenn man schon solch einen Luxus hat, sollte man diesen Umstand ausnützen, denn das fließende Wasser hat gleich mehrere Vorteile, die auch für einen Pferderentner durchaus interessant sein können. Zum einen: Wenn er durch das Wasser geht, muss er die Beine heben, dehnen und strecken, und das hält die Faszien und Sehnen in Schwung. Fließendes Wasser kühlt dieselben. Man kann sagen, dass es eine Art Kneippkur für das Pferd ist, durch das Wasser zu gehen. Zum anderen werden die Hufe angefeuchtet. Denn Hufe brauchen auch Feuchtigkeit, um gesund zu wachsen. Was gibt es Natürlicheres als ein Bad im Bach? Manches Pferd findet auch in reiferen Jahren Gefallen an Wasserspielen. Zum Dritten: Sehen Sie sich einmal an, wie das Ohrenspiel Ihres Rentners ist. Bewegen sich die Ohren nach allen Seiten? Ein gutes Zeichen, dass das kühle Nass Ihr Pferd zum Denken anregt. Wasserspiele im Bach sind also nicht nur eine Abwechslung zum täglichen Weidegang, sondern auch eine Denksportaufgabe und eine ganzheitliche Gesundheitsvorsorge.

Foto: Christiane Slawik

Beim Wasserplanschen sollte man darauf achten, dass das Wasser nicht zu tief ist.

Koordinationstraining mit Stangen und Pylonen

Gerade im Alter lässt die Koordination der Gliedmaßen nach. Das ist nicht nur bei uns Menschen so, sondern auch bei den Pferdesenioren. Besonders bei älteren Pferden ist die Koordination wichtig. Deshalb sollte man nicht erst in späteren Jahren damit anfangen, Koordinationsübungen ins Training einzubauen. Idealerweise stellt man einige Pylonen in einer Reihe hintereinander auf und führt den Oldie im Schritt in Schlangenlinien um die Pylonen herum. Die Abstände der Pylonen zueinander sollten immer auf die Pferdegröße abgestimmt sein und etwas vergrößert, da man nicht weiß, wie beweglich das Pferd ist.

Foto: Christiane Slawik

Stangen und Pylonen eignen sich hervorragend, um die Koordination mit Biegen und Stellen zu verbinden.

Fotos: Christiane Slawik

Das Steigen auf die Palette ist nicht so anstrengend wie auf ein Podest. Diese Übung stärkt die Rücken- und Bauchmuskulatur und hält die Gelenke, Faszien und Bänder geschmeidig.

Bei der Stangenarbeit reicht es, wenn Stangen am Boden liegen. Diese können entweder als Gasse gelegt werden, als Stern oder als Rechteck. Ob der Senior präzise in einem bestimmten Abstand über die Stangen steigt, ist nicht so wichtig. Ziel ist, dass er sicher seine Hufe darüberbewegt und die Beine hebt. Legt man die Stangen in einer Gasse, kann man (sofern das Pferd mitmacht) auch das Rückwärtsrichten üben. Beim Rückwärtsrichten kann man auch gut überprüfen, wie es um die Balance seines Rentners bestellt ist. Je öfter man Koordinationsübungen ins Training einbaut, desto sicherer werden die Pferde und bewegen sich auch auf der Weide in einer Herde umso souveräner.

Auf die Palette steigen

Das Podest ist für ein altes Pferd nicht mehr sehr attraktiv, aber eine Wippe oder eine Palette sind durchaus im Bereich des Möglichen. Ziel der Übung ist, dass die Vorderbeine des Rentners auf der Palette stehen. Dazu stellt man sich mit der Longe oder dem Führstrick auf die eine Längsseite der Palette und ermuntert sein Pferd draufzusteigen. Belohnt wird erst, wenn es mit beiden Vorderbeinen auf der Palette steht und nicht sofort wieder heruntersteigt.

Hängerücken entgegenwirken

Pferde entwickeln, je älter sie werden, einen Hängerücken. Dieser entsteht, weil der Muskeltonus, vor allem der Bauchmuskulatur, nachlässt. Um dem entgegenzuwirken, kann man eine Übung einbauen, die überall durchführbar ist und die den Rücken anhebt. Dazu braucht man nur einen Apfel oder eine Mohrrübe. Man stellt sich neben das Pferd in Schulterhöhe auf und hält ihm das Leckerli vor die Nase. Wenn der Senior „angebissen" hat, führt man das Leckerli Richtung Boden und schwenkt es dabei zwischen die Vorderbeine, sodass das Pferd seinen Kopf in Höhe der Karpalgelenke zwischen die Beine führen muss. Wie weit es seinen Kopf zwischen die Beine führt, ist nicht wichtig. Wichtig ist, dass es dabei den Rücken anhebt. Schon ein Zentimeter reicht, um den Muskeltonus zu stärken. Trainiert man diese Übung täglich, kann man die Entwicklung zum Hängerücken noch etwas länger hinauszögern. Leider ist der Hängerücken eine typische Alterserscheinung.

Leckerlis schmecken immer

Welches Pferd liebt nicht Leckerlis? Hier machen die Senioren keine Ausnahme. Um an die geliebten Leckereien ranzukommen, verrenken sie sich auch gern. Diesen Umstand kann man sich zunutze machen. Man stellt sich wieder seitlich zu seinem Pferd, am besten in Höhe der Schulter, und zeigt ihm den Apfel, die Mohrrübe oder andere Leckerlis. Dann führt man langsam die Hand mit dem Leckerli in einem Bogen zur Seite. Das Pferd wird folgen. Steht man direkt neben der Schulter, muss das Pferd sich um den Menschen biegen, was korrekter in der Biegung ist. Diese Übung sollte man

Foto: privat

Eine effektive Methode ist die Karotten- oder Apfelübung, die (bei korrekter Anwendung) den Rücken hebt und die Bauch- und Rückenmuskulatur stärkt.

auf beiden Körperseiten abwechselnd machen. Eine weitere Leckerlivariante ist der Leckerliball. Nicht jeder Rentner ist spielfreudig genug, aber wenn er ihn annimmt, umso besser, da hier die Halsmuskulatur gestreckt wird und elastisch bleibt.

Alle Übungen können mit wenig Aufwand gemacht werden und haben nur ein Ziel – der Oldie soll so lange wie möglich körperlich gesund sein und fit im Geist bleiben. Es reichen 10 bis 15 Minuten ein- bis zweimal in der Woche, und die Übungen sollten immer abwechselnd trainiert werden, damit es nicht langweilig wird. Geben Sie Ihrem Pferd auch Zeit, sich an die Übungen zu gewöhnen, und wenn es einmal so gar nicht will, verschieben Sie das Training auf einen anderen Tag.

Nicht aufs Abstellgleis stellen

Pferdesenioren sind zwar langsamer im Denken und in ihren Bewegungen, aber nicht unbedingt desinteressiert an ihrem Umfeld. Viele wollen noch – auch wenn sie körperlich nicht mehr ganz so fit sind – eine Aufgabe erfüllen. Sei es, eine ganz besondere Rolle im Leben ihres Besitzers zu spielen, oder als alternder Spielgefährte für Kinder zu agieren. Sie haben uns in ihrem Leben gern getragen und haben alles mitgemacht, was wir ihnen als Aufgabe gestellt haben. Deshalb sollten wir fürsorglich mit ihnen umgehen, denn die Zeit, die uns mit ihnen bleibt, ist endlich, und eines Tages ist sie vorbei. Achten wir unsere Pferde im Alter, werden sie es uns bis zu ihrem letzten Atemzug danken.

Foto: privat

Damit das Pferd seinen Hals biegt, kann man – je nach Beweglichkeit seines Pferdes – neben dem Rücken oder der Kruppe stehen.

Die Autoren dieser Ausgabe

Andrea Kagerer
www.sensitive-science.com

Dr. Christina Fritz
www.christinafritz.de

Dr. Karin Palmer
@drkarinpalmer bei Instagram

Dr. Tanja Romanazzi
www.offenstallkonzepte.com

Barbara Welter-Böller
www.welter-boeller.de

Martina Kiss
www.balance4animals.at

Yvonne Katzenberger
Dr. Ruth Katzenberger-Schmelcher
www.pfergo-akademie.com

Sandra Fencl
www.sandrafencl.com